CALENDRIER

DU

MÉTAYER

BEAUGENCY. — IMP. DE F. RENOU.

BIBLIOTHÈQUE DU CULTIVATEUR

PUBLIÉE

AVEC LE CONCOURS DU MINISTRE DE L'AGRICULTURE

CALENDRIER

DU

MÉTAYER

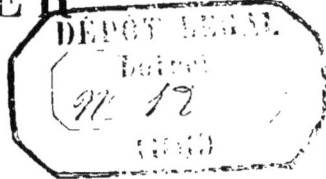

PAR

E. DAMOURETTE

ANCIEN ÉLÈVE DE L'ÉCOLE DE GRIGNON, PROPRIÉTAIRE DE MÉTAIRIES

AVEC PRÉFACE PAR E. LECOUTEUX

PARIS

LIBRAIRIE AGRICOLE DE LA MAISON RUSTIQUE

26, RUE JACOB, 26

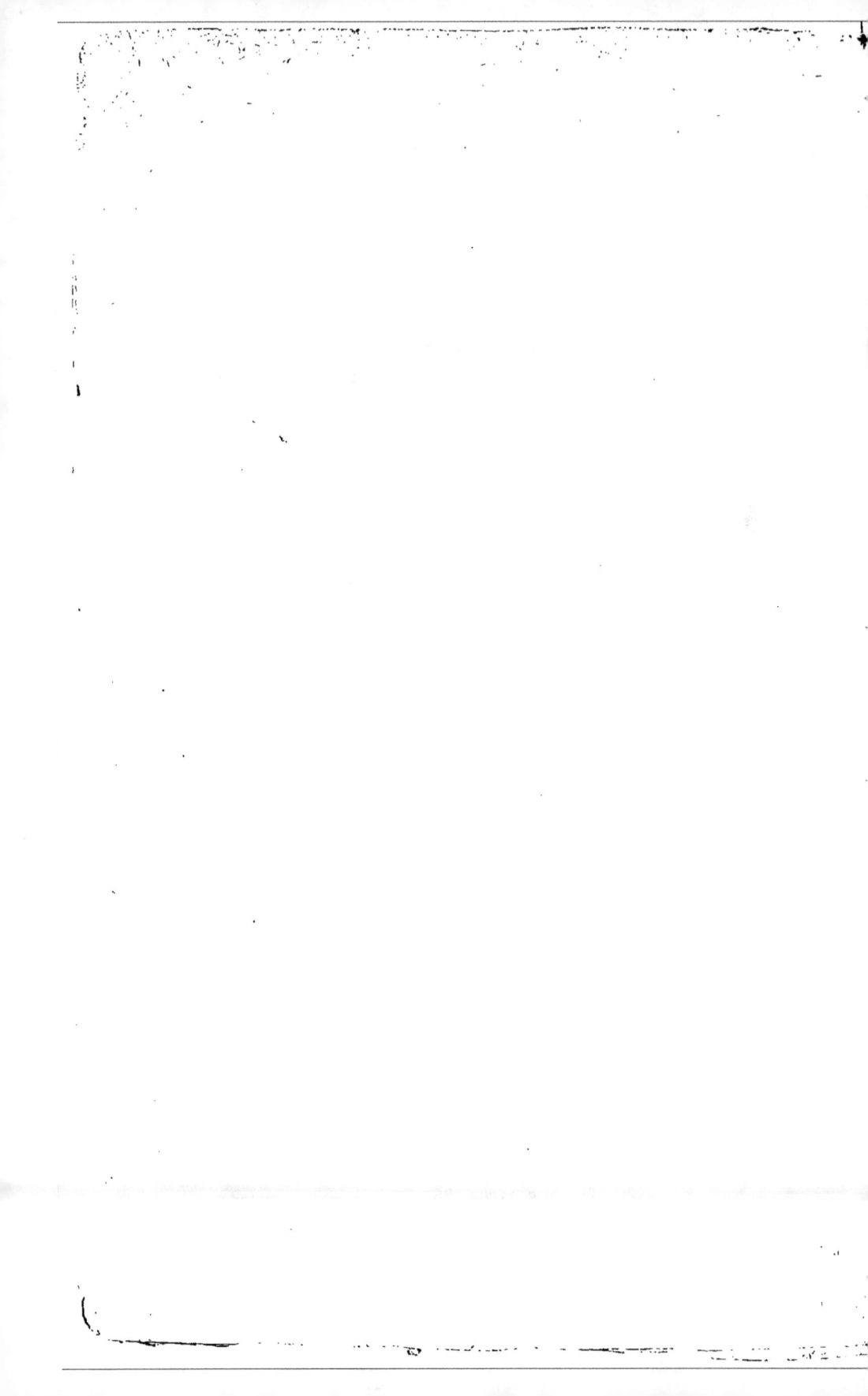

PRÉFACE

Ce calendrier a été rédigé à la demande d'un grand nombre de propriétaires de biens à métayage qui sont abonnés au *Journal d'agriculture pratique.* D'après eux, on ne s'occupe pas assez spécialement de l'instruction agricole de la population rurale qui cultive les métairies du centre, de l'ouest et du sud de la France. Et cependant, il est certain que cette population compte des hommes de progrès qui n'aspirent qu'à modifier leur système de culture et d'économie du bétail.

L'intervention des propriétaires est ici plus nécessaire qu'ailleurs ; et s'il est vrai que beaucoup d'entre eux lisent de très-bons livres spéciaux, notamment le *Guide* de M. de Gasparin, et le *Manuel,* plus moderne, de M. Rieffel, il faut reconnaître que le caractère périodique du journal peut contribuer très-puissamment à faciliter l'œuvre de solidarité qui, depuis quelques années surtout, tend à se réaliser entre les propriétaires et leurs métayers.

Il y a métayage et métayage. Il y a celui dans lequel le propriétaire et le colon rivalisent à qui mieux mieux pour ne rien faire au profit de la terre, parce que ce

1

profit ne se traduit pas de suite en revenus annuels, les seuls qui touchent l'esprit des gens vivant au jour le jour. Il y a aussi celui dans lequel les deux parties intéressées considèrent l'amélioration du sol comme le meilleur gage de leur commune prospérité. On s'occupe beaucoup, notamment dans le midi et l'ouest de la France, de cette question, et ce n'est pas sans un puissant intérêt économique que nous voyons la manière dont le métayage commence à être envisagé sous une nouvelle face. Nous aimons cette combinaison agricole qui permet au propriétaire d'apporter en association, non-seulement la terre à cultiver, mais encore le capital d'améliorations permanentes qui sert à la mettre en pleine valeur, et, par suite, à en augmenter la rente foncière. Un propriétaire qui se borne à louer sa ferme en métayage, quand elle n'est pas en parfait état de culture, place le plus souvent sa fortune territoriale à 2 ou 3 p. 100. Au contraire, celui qui dote sa terre d'un capital d'améliorations immobilières peut placer ce capital à 8 et 10 p. 100, et cela sous ses yeux, sous sa surveillance de tous les instants, avec accroissement certain de la valeur même de l'assiette du placement. Il est vrai que les 8 et 10 p. 100 ne lui sont pas payés en espèces sonnantes par le métayer, puisque celui-ci acquitte sa dette annuelle en produits. Mais des produits comme le blé, comme le bétail, c'est de l'argent, et il est certain que, plus la terre s'améliore, plus le métayer grossit sa part et celle du propriétaire. Voilà donc une heureuse solution. Le propriétaire-améliorateur, c'est alors le métayer-améliorateur. Disons tout : c'est le capital, la terre et le travail associés au plus grand profit de chacun.

Ne dédaignons pas le métayage; il vaut ce que valent ses applicateurs, et, quand il vaut beaucoup, c'est, il faut le reconnaître, un bien grand instrument de rédemption pour les nombreuses populations qui, n'ayant pas de capital de premier établissement, peuvent cependant, par la puissance de leur travail, de leur intelligence et de leur économie, conquérir une bonne place au banquet de la vie rurale. Il y a, en France et en Italie, des métairies qui prospèrent. Entrez-y; leur toit abrite des familles jouissant d'un bien-être qui est l'éloge parlant de la bonté du système.

Nous voulons accepter la situation agricole telle qu'elle est, car c'est là, à notre sens, le vrai moyen de la faire devenir ce qu'elle doit être dans un pays où rien ne peut échapper à l'action du progrès. S'il y a un mauvais métayage, il faut le changer en l'améliorant avec les éléments qui le constituent. Il n'est pas facile de faire table rase en agriculture, et, bon gré mal gré, il faut compter, non-seulement avec les résistances du sol et du climat, mais encore avec celles de la population, surtout, lorsque cette population a de très-nombreux motifs de rester fidèle à un état de choses qui, moyennant certaines réformes, est la garantie de sa prospérité. Voilà, en matière de métayage, toute notre profession de foi.

E. Lecouteux.

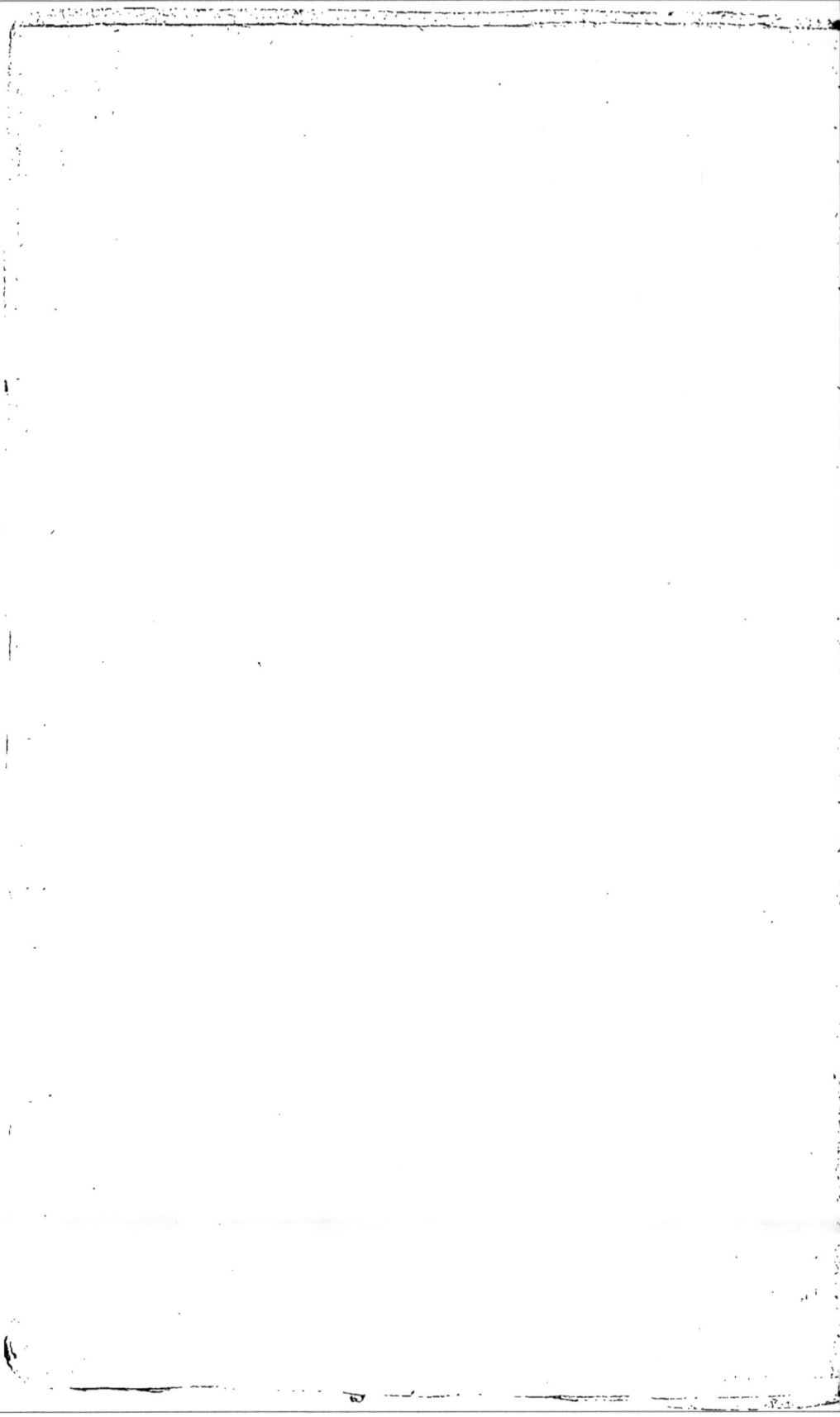

AVANT-PROPOS

Qu'il me soit permis de débuter par un hommage rendu à la mémoire de M. le comte de Gasparin et à M. Rieffel, l'habile et vénéré directeur de Grandjouan. Je ne saurais oublier que les amis du colonage partiaire doivent sa réhabilitation au Guide des propriétaires de biens soumis au métayage, ainsi qu'au Manuel des propriétaires de métairies. Je me plais à reconnaître que j'ai largement puisé dans ces ouvrages bien dignes des maîtres de la science agricole. Je crois inutile d'ajouter que je n'ai jamais eu la prétention de refaire ces traités. Ces messieurs ont laissé une place libre à côté d'eux, j'ai cherché à combler le vide; j'espère que mes lecteurs ne me trouveront pas trop présomptueux.

Le travail que je leur présente aujourd'hui a déjà paru en grande partie, du moins, dans le *Journal d'Agriculture pratique*. L'accueil qu'il a reçu m'a engagé à réunir les différents articles en un volume. Je ne parle pas ici des encouragements qu'ont bien voulu me donner la direction et, en particulier, l'éminent économiste qui préside aujourd'hui à ses destinées. Des relations fondées sur des souvenirs d'école ont pu les inspirer. Très-sensible à ses

paroles beaucoup trop flatteuses, je n'ai pas pu résister à
la demande qu'un grand nombre de partisans du métayage ont bien voulu m'adresser d'une foule de points de
la France.

En entreprenant cette étude, je recherchais surtout le
moyen de réhabiliter un mode de faire-valoir injustement
décrié ; j'avais l'ambition d'apprendre à apprécier une
partie très-nombreuse de nos populations rurales que je
dirais bien volontiers victimes de calomnies répandues par
des gens qui sont fort habiles sans doute, mais qui ne les
connaissent certes pas.

Ai-je réussi ? Le public jugera. En attendant, qu'il me
soit permis encore une fois d'insister, avec force, pour que
le colonage partiaire soit enfin admis par l'agriculture
officielle. De beaux métayages ont mérité au vigoureux
champion de Theneuille une des plus belles récompenses
de l'exposition universelle ; cette distinction lui était due
surtout parce qu'en faisant une belle opération pour son
compte personnel, il avait considérablement amélioré les
conditions matérielles, intellectuelles et morales de ses métayers. Pourquoi ne l'avoir pas proclamé bien haut ? Quelques propriétaires de métairies prennent part au concours
pour la prime d'honneur et obtiennent un rang honorable
parmi les concurrents. Pourquoi motive-t-on les récompenses qu'on leur attribue sur tout excepté sur leur métayage ? Pourquoi évite-t-on de prononcer même ce mot
de métayage ? Pourquoi les partisans du métayage sont-ils
plus ou moins exclus des commissions de primes d'honneur ?

Les populations dont il s'agit sont les plus fermes appuis
de notre ordre social[1]. Elles paient, sans se plaindre, une

[1] M. Méplain, juge au tribunal civil de Moulins, a publié sur le
métayage les études, sans contredit, les plus complètes et les plus

grosse portion de notre énorme budget et, en particulier, l'impôt le plus dur de tous : la conscription.

Il est bien démontré, aujourd'hui, que, dans l'état actuel des choses, les pauvres colons ne peuvent pas lutter, à armes égales, contre les grands propriétaires ou les riches fermiers. Aussi, ces derniers remportent-ils tous les prix dans tous les concours, grands et petits. Et, cependant, plus éclairés, ils devraient avoir moins besoin de ces encouragements. Leur intérêt personnel ne devrait-il pas suffire pour les pousser dans la voie du progrès agricole?

Puisque l'expérience a prononcé, pourquoi laisser plus longtemps cette classe si nombreuse et si intéressante de cultivateurs en dehors des encouragements officiels? Pourquoi hésiter encore à les convier à se disputer entre eux des récompenses spéciales? Leur position n'est-elle pas et plus difficile et plus précaire? Une médaille, c'est la croix d'honneur du soldat de l'agriculture! Pourquoi refuser plus longtemps d'en mettre à leur disposition dans des conditions telles qu'ils puissent, eux aussi, y légitimement aspirer?

dignes d'être méditées qui aient paru dans ces dernières années. M. Méplain cite Montesquieu, et se livre sur ce côté si grave de la question aux réflexions suivantes :

« Il n'y a, dit Montesquieu, qu'une société de perte et de gain qui « puisse réconcilier ceux qui sont destinés à travailler avec ceux qui « sont destinés à jouir. » (*Esprit des lois*, livre 13, chap. III.)

La justesse profonde de cette sentence du prince des publicistes a reçu de nos jours et dans le cours de nos révolutions un témoignage irrécusable et bien digne d'attention. Il n'est pas de classe plus misérable que celle des colons, et, cependant, il n'en est pas qui se soit montrée plus patiente et plus résignée. Nulle n'a mieux compris et plus respecté les droits de la propriété.

Tandis que la moindre hausse dans le prix des denrées excite, au sein des populations à salaire fixe, les émeutes et la révolte, les di-

L'idée est juste; elle a fait un chemin énorme dans ces dernières années; elle ne saurait tarder à être mise en pratique sous un gouvernement dont le chef a prononcé ces paroles mémorables :

« *L'amélioration des campagnes ne doit pas moins nous préoccuper que celle des villes.* »

settes les plus désastreuses, les exactions même les plus rigoureuses trouvent calme et muette la classe des cultivateurs à partage des fruits. C'est que l'associé comprend que la perte n'est pas pour lui seul ; il accepte son malheur sans murmurer, parce qu'il le sait partagé.

« Dans les pays à métairies, on ne voit pas cette fureur aveugle « contre la propriété qui anime les esprits dans ceux à fer- « mage. »

(« Guide des propriétaires de biens soumis au métayage, par M. le comte de Gasparin. »)

(« Essai sur la condition sociale des métayers et les conséquences de la législation par rapport à la culture à portion de fruits, par M. E. Méplain. »)

(*Moulins*, imprimerie de P.-A. Desrosiers, 1848.)

CALENDRIER DU MÉTAYER

MOIS DE JANVIER

ADMINISTRATION. — Achever l'inventaire. — Arrêter définitivement les comptes du dernier exercice. — Vérification minutieuse des approvisionnements.

CULTURE. — *Travaux intérieurs.* Battage des céréales. — Préparation des graines de luzerne, de trèfle, etc. — Botteler les fourrages. — Soins aux fumiers. — Occupations des hommes et des femmes pendant les soirées d'hiver.

Travaux extérieurs. — Labours d'hiver. — Entretenir les raies d'écoulements. — Effectuer des charrois de fumiers, de pierres, de terres, de marne et de chaux. — Récolter les feuilles de choux, les navets et les topinambours. — Couper les bruyères et les fougères pour faire de la litière.

BÉTAIL. — Nécessité des nourritures fraîches pendant toute l'année. — Indications à ce sujet. — Précautions contre le froid. — Opportunité de faire naître les veaux en janvier et février. — Nécessité des enclos ou parcs. — Emploi de l'ajonc comme fourrage. — Engraissement des bœufs et des moutons. — Castration dans le jeune âge des animaux des espèces bovine et ovine. — Précautions contre la cachexie aqueuse. — Nécessité d'entretenir les porcs très-proprement. — Payer les redevances en volailles. — Education des lapins et des pigeons.

POTAGER, VERGER, VIGNE, BOIS. — Un propriétair-améliorateur doit installer un potager, un verger et une vigne dans toutes ses métairies. — Emonder les saules. — Tondre les haies. — Elaguer les arbres d'avenue.

C'est le premier janvier que commence l'année officielle ; le premier mois de l'agriculteur est plutôt le mois de septembre ou le suivant. En effet, la rentrée des récoltes est terminée à cette époque, et de toutes parts le cultivateur déploie une grande activité, afin de

1.

donner au sol les semences dans les meilleures conditions possibles. Une nouvelle période commence donc véritablement pour lui.

Quoi qu'il en soit, si le propriétaire et son colon n'ont pas dans le cours du mois de janvier à déployer la même activité, par suite de la brièveté des jours et de l'âpreté de la saison, ils n'en doivent pas moins se livrer à des occupations très-sérieuses.

Si le 31 décembre a été le jour choisi pour l'inventaire et pour la clôture des comptes, il est très-probable que ce travail si important occupera les longues soirées de l'hiver d'une manière très-profitable. Ces soins sont de la compétence du propriétaire; mais, par les renseignements qu'il est appelé à fournir; par les observations que sa vieille expérience et ses intérêts peuvent lui dicter, le rôle du colon quoique secondaire n'en est pas moins très-important.

En même temps que ce travail s'effectue, le colon continue le battage des grains; il procède au bottelage des fourrages; il surveille, avec les soins les plus minutieux, les chambres aux racines, les silos, et il soigne ses fumiers. Au dehors, il laboure toutes les fois que ce travail est possible; il fait des transports de fumiers, de choux, de marne et de pierres; il entretient les sillons d'écoulement; enfin, quand le temps le permet il fait rentrer les dernières récoltes telles que choux-vaches, navets et topinambours.

Nous ne sommes pas encore bien éloignés de l'époque où les amateurs de pittoresque pouvaient réjouir leurs oreilles du bruit régulier du fléau que les batteurs en grange manœuvraient pendant tout l'hiver dans les fermes et dans les métairies. Le pittoresque est, sans aucun doute, une belle chose; mais, cette manière de séparer le grain de l'épi, était fort longue et très-coûteuse. Elle donnait, en outre, toutes facilités à des fraudes que tous les propriétaires ont constamment déplorées. Les amis du progrès devaient donc se féliciter, sous tous rapports, de voir remplacer le fléau par des machines. Ces machines exécutent ce travail si fatigant pour les ouvriers avec la plus grande économie et ils l'effectuent avec une très-grande rapidité; ce qui facilite singulièrement la surveillance et fait disparaître même la possibilité d'une fraude.

Quand on songe aux difficultés qu'un propriétaire de métairies rencontrait, il y a vingt ans à peine, pour se procurer une machine à battre bien appropriée aux conditions spéciales de son exploitation; quand on compare ensuite les facilités que l'on trouve aujourd'hui, on ne saurait trop remercier les Duvoir, les Albaret, les

Cumming, les Gérard, les Pinet, les Lotz, les Renaud, et une foule d'autres, dont l'énumération serait trop longue, des immenses progrès qu'ils ont fait réaliser à cette partie de la mécanique, jadis si arriérée en France.

Parmi ces machines, les unes, mues par deux chevaux ou deux paires de bœufs, engrainent debout, brisent la paille et ne sont pas munies d'appareil de nettoyage : les autres, mises en mouvement soit par quatre chevaux, soit par quatre paires de bœufs, soit par une machine à vapeur, engrainent pour la plupart en travers ; la paille en sort intacte et le grain dans un tel état qu'on peut le monter au grenier, sinon le conduire immédiatement au moulin. Toutes, en général, dépouillent la paille de son grain, aussi complétement et quelquefois même mieux que le fléau et le rendent parfaitement intact. Les premières ont d'abord été préférées par les colons partiaires. Elles exigeaient une dépense infiniment moindre. En brisant la paille qui formait et formera longtemps encore une partie essentielle de l'alimentation de leur bétail, elles la mettaient dans d'excellentes conditions pour que les animaux en tirent le meilleur parti possible. Leur construction plus simple permettait de les transporter aisément d'une métairie dans une autre, ce qui était presque toujours une nécessité ; attendu que, dans le pays de colonnage, les propriétés sont d'une étendue très-considérable. Aujourd'hui, les habitudes des colons tendent à se modifier, sous ce rapport, d'une manière profonde. Il est, en effet, incontestable que, dans ces dernières années, ils ont commencé à rechercher les machines de grande dimension, faisant beaucoup d'ouvrage dans un jour et mue par la vapeur. Ils ont reconnu qu'ils avaient un immense avantage à effectuer en quelques jours un travail qui sous le règne du fléau exigeait plusieurs mois et qui, avec les machines mues par leurs attelages demandait encore des semaines. Pour en être plus vite débarrassé, pour soustraire plus promptement leurs grains aux ravages des rats, des souris, etc., pour être libres de le vendre quand le moment leur paraîtrait favorable, ils n'ont pas hésité à payer une somme assez ronde aux nombreux entrepreneurs de battages qui, aujourd'hui, viennent de toutes parts leur offrir leurs services. En agissant ainsi, ils ont, une fois de plus, donné la preuve qu'ils acceptent volontiers tous les progrès lorsqu'ils en ont les moyens et lorsqu'ils sont bien convaincus de leurs avantages. Que pourrait-on leur demander de plus ?

Les battages à la machine, mise en mouvement par les attelages de l'exploitation, se font surtout pendant les mauvais jours. Mais, il est toujours nécessaire d'y employer quelques journées pendant les-quelles il serait possible d'effectuer d'autres travaux.

Les colons doivent, autant que possible, produire eux-mêmes toutes les semences nécessaires à l'exploitation. Les avantages qu'of-fre un semblable arrangement dépasse de beaucoup les inconvénients qui en peuvent résulter. Nous aurons, du reste, l'occasion de revenir sur ce sujet. En attendant, nous recommandons de profiter des froids pour battre les semences qui se séparent difficilement de leur enveloppe, telles que les graines de trèfles et de luzernes. Une tem-pérature froide et sèche favorise beaucoup cette opération.

En prenant pour base les rendements obtenus jusque-là, on peut connaître aujourd'hui la quantité de grains et de semences dont on pourra disposer. Il est donc possible de déterminer la part que l'on vendra et celle que l'on gardera soit pour les semences, soit pour les besoins du ménage. Le propriétaire ne fera jamais assez exécuter de petits calculs semblables par ses colons. Ils y gagnent l'habitude de la prévoyance et celle de se rendre compte ; deux qualités qu'en au-cun cas ils ne possèderont en excès.

L'attention des métayers ne sera jamais suffisamment appelée sur les immenses avantages des labours d'hiver. Le temps seul peut les convaincre ; il faut donc attendre du temps seul ce précieux résultat. Mais c'est au propriétaire à tout prévoir pour que ses colons n'aient aucun motif à donner pour ne pas labourer le jour où il sera possible d'effectuer avantageusement ce travail.

Le propriétaire ne doit pas hésiter à leur faire conduire les fu-miers au fur et à mesure de la production et toutes les fois que les circonstances le permettront. En ayant le soin de procéder immédia-tement à l'épandage, on obtiendra les meilleurs résultats de cette pratique nouvelle non-seulement dans les métairies, mais encore dans la plupart des fermes les mieux tenues.

Il s'agit d'usages à introduire dans les métairies où ils ne sont pour ainsi dire pas connus. Ces usages constituent, sans contredit, un des meilleurs procédés qu'emploient les cultivateurs les plus avancés ; je ne saurais trop insister sur ce point. Qu'on ne s'étonne pas, dès lors, si, par la suite, j'y reviens souvent et si j'entre à cet égard dans des détails minutieux, toutes les fois que l'occasion s'en présentera.

Les jours de pluie ou de neige, il arrive souvent que les domesti-ques n'ont pas grand'chose à faire. Un colon soigneux les emploiera à botteler des fourrages. De cette manière, ce travail n'exigera aucune dépense supplémentaire. Il permettra une grande économie dans les distributions et seul il donnera le moyen de se rendre un compte exact des ressources disponibles. Quiconque aura conduit une ferme saura bien apprécier ces avantages. Autrement, le chef de l'exploitation a bien des chances pour qu'un jour ou l'autre on lui annonce que ses approvisionnements sont épuisés. Alors, il est trop tard, et d'excellente que devait être une spéculation, elle devient mauvaise, quelquefois même calamiteuse. Dans la Vendée, comme dans la plupart des provinces de l'ouest de la France et presque toute la Grande-Bretagne, les propriétaires ne sont pas tenus de se ruiner à construire des granges et des greniers. Les récoltes sont mises en meules ainsi que les fourrages et les pailles au fur et à mesure des battaisons. Les Vendéens coupent leur provision de chaque jour au moyen d'un couteau spécial, ce qui leur permet de ne jamais découvrir la partie de la meule dont ils n'ont pas besoin. Que les propriétaires fassent prendre l'habitude à leurs colons de donner quelques coups de couteau de plus; ils découperont leurs foins ou leurs pailles en petits cubes auxquels il sera très-facile de donner un poids régulier de cinq kilogr., et ils auront introduit le bottelage dans leurs métairies. Il ne sera pas aussi facile de faire pénétrer le bottelage dans le reste de la France. Toutefois, gardons-nous de désespérer; qui donc aurait cru, il y a quelques années, que les colons en viendraient si vite à employer la vapeur pour le battage de leurs récoltes?

Le colon attentif ne négligera pas d'entretenir les raies d'écoulement qu'il n'aura pas manqué de tracer dans toutes ces pièces lors des ensemencements. Il en ouvrira même de nouvelles partout où le besoin s'en fera sentir. Le colon, dont l'existence a été une longue lutte contre les privations et la misère est, dans les débuts, très-enclin à négliger ces soins. Le propriétaire-améliorateur s'efforcera de lui en faire prendre l'habitude. En s'adressant à ses enfants, il obtiendra aisément tout ce qu'il pourra désirer sous ce rapport. Il ne faut pas non plus oublier de visiter souvent à cette époque les champs et les silos à racines. La moindre pourriture, la plus légère fermentation peut perdre, en quelques jours, une récolte sur laquelle est basée pendant plusieurs mois l'alimentation de tout le bétail de la métairie. Il n'y a rien à ajouter à cela pour justifier la nécessité d'une surveillance incessante.

Dans toutes les métairies où l'on n'aura pas adopté l'usage de conduire immédiatement les fumiers dans les terres, leur conservation doit encore être l'objet de soins presque journaliers. Je ne puis décrire ici tous les procédés usités en pareil cas. Les ouvrages spéciaux fourniront tous les renseignements que le propriétaire pourra désirer. Je crois devoir, cependant, insister sur un point très-important : les fumiers ne doivent jamais être lavés par les eaux ; les principes fertilisants qu'ils contiennent seraient entraînés et perdus. Beaucoup de propriétaires se sont parfaitement trouvés de donner à toutes les habitations de leurs animaux une disposition telle qu'il est possible de laisser le fumier séjourner sous le bétail pendant un ou plusieurs mois, et de l'enlever ensuite aux conditions les plus économiques. Cet arrangement évitera au propriétaire les frais d'installation d'une fosse ou d'une plate-forme à fumier et d'une fosse à purin. Comme il aura, dans les débuts, bien de la peine à subvenir à toutes les dépenses indispensables, il appréciera fort cette économie. Si, plus tard, il reconnaît l'utilité d'une organisation plus coûteuse et plus compliquée, il sera temps d'y procéder après qu'il aura pourvu aux besoins les plus urgents de l'exploitation.

Toutes les fois que le temps le permettra, le métayer rentrera des feuilles de choux, des navets, des rutabagas ou des topinambours. Il réalisera ainsi des économies fort utiles sur ses approvisionnements de betteraves et de foin.

Quand la gelée arrêtera tous les autres travaux extérieurs, il faudra conduire de la pierre soit pour confectionner des chemins nouveaux, soit pour entretenir les anciens ; il faudra effectuer les charrois de terres ou de marne. Ils sont en bien petit nombre les domaines, où des mouvements de terre considérables ne sont pas nécessaires pour élever une chaussée, qui donnera passage à un chemin à travers une vallée et qui, en même temps, servira de barrage pour les irrigations, pour faciliter l'écoulement des eaux, pour opérer un nivellement dans un pré ou dans une pièce de terre, pour enlever les terres sorties d'un fossé quelconque, pour créer un jardin potager ou fruitier aussi bien qu'une vigne. Dans tous les terrains où manque l'élément calcaire, il faut l'y amener sous forme de chaux ou de marne.

Le propriétaire doit prendre une partie de ces travaux à sa charge. En général, il paye l'extraction et le chargement ; les métayers effectuent les charrois et ils écartent la terre et la marne. Il fera très-bien de poser de suite, comme une règle invariable, sa volonté de ne jamais faire exécuter ses travaux à la journée et de toujours les donner à la tâche moyennant un prix convenu à l'avance. Dans les pays de métayage, cette manière de procéder est généralement peu usitée. Les ouvriers n'acceptent les tâches qu'avec une extrême répugnance. Comme ils n'ont aucune habitude de ces entreprises, ils craignent toujours de se tromper, lorsqu'ils débattent leurs prix. De plus, il y a généralement au fond de leur caractère une extrême défiance d'eux-mêmes, qui accroît leurs craintes à cet égard. C'est donc encore toute une éducation à faire et beaucoup de peine à se donner. Le propriétaire ne doit pas hésiter à accepter cette rude tâche avec la ferme résolution de la mener à bonne fin. Seulement, il fera bien de ne jamais oublier que si à la journée ils exécutent convenablement leur besogne, ils en font trop peu, tandis qu'à la tâche ils la font trop souvent vite et mal. Prévenu à l'avance, il exercera une surveillance rigoureuse ; il remplira fidèlement toutes les conventions, même quand elles seraient à son désavantage ; mais dans le cas où, par hasard, un marché lui serait profitable, il en exigerait aussi la réalisation. C'est le moyen d'inspirer confiance et de forcer les ouvriers à faire attention lorsqu'ils traiteront avec lui. En un mot, il se montrera sévère, mais il s'efforcera d'être juste. Avec ces qualités, il organisera vite et bien le travail à la tâche. En le faisant il se rendra à lui-même un immense service pour l'avenir. Il n'en rendra pas un moins grand à toute sa localité. L'ouvrier n'est pas moins intéressé que celui qui l'emploie à une bonne organisation du travail à la tâche ; si ce dernier y gagne un temps mieux employé, le premier obtient un salaire plus élevé. Au surplus, le jour où il a entrepris de soumettre sa terre à un métayage amélioré, le propriétaire a compté aussi sur la possibilité d'appeler à son aide l'intérêt personnel de son colon, c'est-à-dire le plus puissant levier dont on puisse se servir pour tirer de notre pauvre humanité tout le travail possible. En le faisant également intervenir dans l'organisation de ses travaux, il ne fait que se donner une facilité de plus pour arriver au but qu'il se propose. Le métayer réussit-il et le tâcheron se montre-t-il récalcitrant, il cite à ce dernier l'exemple de l'autre qui se trouve si bien de suivre ses conseils. Tous les deux entrent-ils résolument dans la voie qu'il leur a tracée, il trouvera certainement une force nouvelle dans ce double concours.

Le colon laborieux trouve encore à utiliser son temps en allant sur les landes couper les bruyères et les fougères qui remplacent si avantageusement la paille partout où elle manque pour faire la litière.

Dans presque tous les pays de colonage, les terres incultes couvrent des surfaces considérables. La question du défrichement des landes doit donc préoccuper le propriétaire de métairies. Il ne doit pas oublier que la terre a constamment été plus forte que son métayer; dès lors, il ne saurait songer à augmenter l'étendue de ses terres en culture. Ou il créera un second domaine, et il fera bien, alors, d'étudier à fond toutes les difficultés de cette difficile entreprise, ou il annexera à l'exploitation les étendues récemment défrichées, avec l'intention de transformer en bois une partie, soit des anciennes terres, soit des nouvelles. Cette opération-là est certainement beaucoup plus sûre et plus facile. D'autres parts, elle devient tous les jours meilleure sous le rapport des avantages pécuniaires, grâce à l'incontestable augmentation du prix des bois de toutes sortes.

Les labours de défrichement doivent avoir lieu pendant l'hiver, lorsque la terre est pénétrée d'humidité. Avant tout labour, il faut faire disparaître toutes les végétations qui recouvrent le sol. Dans certains cas, on fauche les bruyères, les fougères, les ajoncs, etc..., et on emploie les produits soit comme litière, soit comme combustible. Dans d'autres circonstances, il est plus simple, plus expéditif et moins coûteux de mettre le feu et de tout brûler sur place à feu courant.

Depuis cinquante ans, des défrichements de landes ont été opérés dans les conditions les plus diverses. Il n'est donc pas difficile de trouver de bons exemples à suivre. Les travaux de M. Rieffel en Bretagne, et de M. Moll, en Poitou, méritent d'être étudiés avec un soin tout particulier.

Les métayers ont, en général, une certaine habitude du charronnage. Ils savent réparer et même remplacer la plupart des instruments, des outils et des ustensiles qui composent leur matériel. Beaucoup confectionnent les paniers en osier ou en bois dont ils auront besoin durant le reste de l'année. Voilà des usages qu'on se donnerait bien de la peine à introduire s'ils n'existaient pas. Il faut donc s'appliquer à les conserver. C'est un excellent moyen d'occuper les hommes pendant les jours d'inaction forcée et pendant les longues soirées d'hiver. Quant aux femmes, elles répareront le linge; elles fileront la laine ou le chanvre, si l'ancien usage de préparer dans la ferme la toile et le drap a été conservé; enfin, elles casseront les noix destinées à fabriquer l'huile nécessaire au ménage de la ferme.

Bétail. — Au double point de vue de l'hygiène et de l'économie, il y a un très-grand intérêt à mélanger les fourrages secs avec des aliments frais. Dès le premier mois de l'année, il me semble important de donner la succession des nourritures fraîches qu'il sera possible de faire consommer par le bétail. Le tableau suivant indique, en outre, les cultures à préparer. Il fournit donc des renseignements qui auront une grande influence sur l'organisation future des travaux. Dès lors, le propriétaire, soigneux de ses intérêts, aura constamment besoin de le consulter.

Succession de la nourriture des animaux.

JANVIER...... Turneps, carottes, rutabagas et betteraves, topinambours et ajoncs.

FÉVRIER...... Carottes, rutabagas, betteraves, topinambours et ajoncs.

MARS........ Rutabagas, choux entiers, betteraves, topinambours.

AVRIL........ Choux entiers, colza, seigle vert et betteraves.

MAI .... Avoine et serradelle, ray-grass, vesces d'hiver, trèfle incarnat, luzerne et sainfoin.

JUIN......... Trèfle incarnat, ray-grass, trèfle rouge, luzerne et sainfoin.

JUILLET...... Trèfle rouge, vesces de printemps et maïs en vert.

AOUT........ Sarrasins, feuilles de choux et maïs en vert.

SEPTEMBRE... Feuilles de choux, trèfle rouge et luzerne.

OCTOBRE..... Feuilles de choux, carottes éclaircies, betteraves et luzerne.

NOVEMBRE.... Carottes éclaircies, betteraves, ajonc et topinambours,

DÉCEMBRE.... Betteraves, turneps, ajonc et topinambours.

Le *Manuel du propriétaire de métairies*, par M. Rieffel, un livre que les partisans du colonage partiaire ne consulteront jamais assez, contient un tableau présentant la succession de la nourriture fraîche des animaux pendant tous les mois de l'année, telle qu'elle est pratiquée à Grandjouan. Il sera facile de reconnaître que le tableau ci-dessus a été emprunté à l'ouvrage si remarquable du vénérable doyen des agriculteurs de l'Ouest. Pour le rendre susceptible d'être appliqué dans toute la France, je n'ai eu qu'à indiquer un usage plus prolongé des betteraves et à ajouter quelques plantes comme l'ajonc, la luzerne, le maïs en vert, le sainfoin et les topinambours.

Justement préoccupé de cette grosse question de la nourriture du bétail, le propriétaire ne manquera pas de visiter les fenils avec son colon. Il lui fera remarquer que les approvisionnements sont déjà fort entamés ; les premiers fourrages verts ne seront pas prêts avant quatre ou cinq mois ; il insistera pour que la plus stricte économie préside aux distributions et pour que la paille remplace le foin le plus souvent possible. Les métayers sont naturellement très-imprévoyants. A peine sortis d'un état de pénurie extrême, ils se figurent que leurs provisions ne s'épuiseront jamais. Beaucoup d'entre eux, dit M. Rieffel, font faire un carnaval prématuré à leurs animaux ; ceux-ci jeûnent alors d'une façon déplorable à la fin de l'hiver. Or, il n'y a rien de désastreux, au point de vue des profits sur le bétail, comme ces brusques passages de l'abondance à la pénurie et de la pénurie à l'abondance. C'est du pur gaspillage sans bénéfice pour personne. Dans ces circonstances, le propriétaire doit exercer une surveillance continuelle et avoir la prévoyance qui manque à ses colons.

Ce mois-ci, les attelages ne peuvent pas faire des travaux bien fatigants, les journées sont trop courtes. On peut donc, sans inconvénients, diminuer la ration des animaux de travail. Le propriétaire ne doit pas hésiter à faire remplacer, dans leur ration, une partie du foin par une certaine quantité de paille. Ce sera toujours autant d'économiser pour l'arrière-saison. Alors, en effet, il n'en restera jamais assez ; toutefois, cette diminution doit porter moins sur le volume que sur la qualité ; il importe, en hiver surtout, que les animaux aient l'estomac convenablement lesté. Par les grands froids, les cultivateurs soigneux ne manquent jamais de ne faire boire à leurs chevaux que de l'eau amortie par un séjour de quelques heures à l'écurie.

Dans la plupart des métairies, les vaches et les élèves sont les souffre-douleur de l'exploitation. Elles reçoivent pour nourriture le rebut des autres animaux, ou bien, ce que l'on ne juge pas digne d'eux. Aussi, les veaux viennent-ils malingres, et les vaches fournissent-elles à peine le lait nécessaire pour les élever. Le premier soin d'un propriétaire-améliorateur devra donc être de remédier le plus tôt possible à ce fâcheux état de choses. A la suite des premiers efforts, qui sont toujours les plus pénibles, les veaux seront meilleurs et se vendront plus chers ; le lait sera plus abondant, et il sera possible de vendre du beurre après avoir prélevé la provision du ménage. Quoique modestes, ces résultats suffiront pour encourager le colon dans la voie nouvelle. En continuant toujours, on sera étonné des améliorations obtenues au bout de quelques années. Bien entendu, il conviendra de redoubler de soins pour faire mieux encore.

Quand on est en mesure de donner toujours aux vaches la nourriture dont elles ont besoin, on peut chercher à amener les mises-bas aux époques où le lait et le veau se vendront le mieux, c'est-à-dire en janvier et février. Malheureusement, les métayers, avec leurs habitudes actuelles, ne font pas toujours ce qu'ils veulent. Trop souvent leurs greniers sont à cette époque fort dégarnis. D'autres parts, comme ils envoient tout leur bétail au pâturage pendant la majeure partie de l'année, la monte s'y fait en liberté. Dans certaines fermes, il s'agit là de la grosse spéculation. Alors le propriétaire n'hésitera pas à introduire la stabulation au moins pour les mâles ; mais à la condition, qu'il leur ménagera, dans le voisinage immédiat de leur étable un enclos, dans lequel ils pourront prendre leurs ébats et un exercice indispensable à leur santé et à leur vigueur.

Ces enclos, ces parcs ne sont pas moins nécessaires dans les environs des vacheries ou des bergeries, lorsque les animaux doivent rester longtemps sans en sortir, et, par conséquent, y recevoir pendant plusieurs mois, presque toute leur nourriture. Aux frais de qui ces parcs devront-ils être installés d'abord, puis entretenus? Je crois que les frais de la première installation doivent rester à la charge du propriétaire seul. Quant à l'entretien, les frais seraient minimes et il ne serait pas ruiné s'il s'en chargeait également ; mais alors, les colons n'auraient aucun intérêt à les conserver ; ils les soigneraient moins et, surtout, ils obtiendraient plus difficilement de leurs domestiques qu'ils en aient soin. Toutes les fois que dans une métairie, un objet quelconque appartient au maître seul, les gens ne le ménagent guère. A quoi bon, disent-ils, c'est au maître, il a bien le moyen de le remplacer. Dans le faire-valoir direct, c'est pour tout ainsi ; et l'on s'étonne de ce que les revenus ne répondent pas aux peines et aux dépenses !!!

Pour ces motifs, je crois que l'entretien des parcs doit comme celui des râteliers et des auges regarder le métayer. A son entrée, il les recevra par estimation, il les rendra de même à sa sortie. Une fois qu'il aura pu apprécier les énormes avantages qu'offrent de semblables dispositions, tout métayer intelligent acceptera ces conditions. En définitive, elles sont justes et peu onéreuses pour lui.

M. Rieffel recommande, comme moyen d'augmenter les ressources alimentaires pour l'hiver, l'emploi de l'ajonc pilé, pour les bêtes à cornes et particulièrement pour les chevaux, qui se trouvent très-bien de ce régime. Quand un auteur dont la notoriété est aussi géné--

rale, et l'autorité si légitimement respectée, indique un procédé nouveau, tous les hommes de progrès doivent en faire l'essai. Au surplus, à Grandjouan, M. Rieffel use largement de ce moyen et il a souvent décrit la méthode qu'il emploie pour utiliser un produit presque toujours fort abondant dans les pays de colonage partiaire.

Tous les métayers aspirent à engraisser une ou plusieurs paires de bœufs; c'est leur ambition et leur gloire. Les propriétaires, en général, les y encouragent de tout leur pouvoir. Me plaçant au point de vue beaucoup plus sérieux de leur intérêt et de la prospérité du domaine, je crois que l'engraissement est presque toujours, pour eux, une détestable opération. Ils ne peuvent évidemment la pratiquer que sur une échelle très-restreinte. Or, cette branche de l'industrie agricole ne peut être suivie avec profit que par un homme qui possède une grande habitude et une aptitude toute spéciale pour les achats et les ventes des bestiaux. Tout autre sera trompé par les marchands qui lui fourniront les animaux maigres, et par les bouchers qui lui achèteront ses bêtes grasses. Si les circonstances obligent un propriétaire-améliorateur à leur faire à ce sujet quelques concessions, il ne doit pas oublier que :

1° En pareil cas, l'habileté pour choisir les animaux, pour les acheter et pour les vendre, joue un rôle de la plus haute importance ;

2° Plus la ration d'engrais est élevée (l'entretien étant complétement satisfait), plus l'engraissement est rapide et, par conséquent, lucratif ;

3° A mesure que l'engraissement s'avance, on varie davantage la nourriture et on l'améliore de plus en plus ; on diminue le volume et on augmente la qualité des aliments ;

4° On ne négligera jamais le pansement régulier de la main ; il est, peut-être, plus nécessaire aux animaux à l'engrais qu'aux autres ;

5° L'engraissement est plus profitable lorsqu'on le commence sur des bêtes en bonne chair plutôt que sur des bêtes très-maigres ;

6° La tranquillité des bêtes et l'obscurité du local sont aussi des circonstances très-favorables à la production de la graisse. Un air chaud et humide si nuisible aux bêtes d'élève et de travail, est, au contraire, des plus favorables aux animaux à l'engrais ;

7° La dernière période de l'engraissement est la plus coûteuse, dès lors, il convient de ne pas la prolonger au-delà d'une certaine limite,

Comme je l'ai dit déjà, les engraissements sont presque toujours l'objet de l'amour-propre exagéré. Dans le métayage amélioré, cette manière d'agir serait déplacée. Des comptes tenus avec une exactitude scrupuleuse doivent seuls guider ainsi que des pesées fréquentes. Voilà les principes qu'un propriétaire soigneux de ses intérêts et ami du progrès, doit inculquer à ses colons. En les forçant à les mettre en pratique, il leur fera gagner de l'argent et son entreprise réussira ; autrement, il leur en fera manger et il sera tout étonné de rencontrer très-souvent des difficultés insurmontables.

Les pesées dont nous venons de parler auront une importance qu'il est facile d'apprécier. Comme la plupart des cultivateurs n'ont pas de balance, on a cherché les moyens de suppléer par le mesurage au pesage des bêtes. Le *Bon fermier* fournit, pages 175 et suivantes de la 2ᵉ édition, les indications les plus détaillées sur le cordon-Dombasle, sur le système Quételet et sur les tables anglaises. Les propriétaires de métairies qui pratiquent l'engraissement feront bien de les consulter fréquemment.

Tout ce qui précède s'applique tout aussi bien au lot de moutons que l'on engraisse, chaque année, dans un trop grand nombre de métairies. Dans ces exploitations, les animaux à l'engrais ont le superflu et les autres n'ont pas même le nécessaire. Cependant, ces derniers sont la fortune et la richesse du domaine, ainsi que la base de toutes les améliorations futures.

A propos de cette question si grave de l'engraissement du bétail, je recommanderai de castrer très-jeunes les animaux des espèces bovine et ovine. Cette excellente pratique a fait, dans ces dernières années, beaucoup de progrès. Elle n'est pas encore assez appréciée. Je recommanderai également de tondre les moutons avant, ou mieux, pendant l'engraissement. Bien entendu, les bergeries devront, dans ce cas, être disposées de manière que les animaux n'aient pas froid. S'ils souffraient des rigueurs de la température, ils perdraient certainement plus qu'ils ne gagneraient.

Ces précautions contre le froid sont plus nécessaires encore quand il s'agit d'un troupeau d'élevage de brebis et d'agneaux. Malheureusement, les métayers ont, en général, plutôt tendance à les faire étouffer qu'à les laisser geler. Les excès sont toujours un défaut ; le propriétaire ne devra rien négliger pour les éviter. Les paysans croient avoir remarqué que des bêtes à laine, maintenues dans des bergeries dont la température est très-élevée exigent, pour vivre, une moins grande quantité d'aliments. Aussi, les maintiennent-ils dans une véritable serre chaude ; car, ils sont loin d'être en mesure de pouvoir leur fournir même la ration d'entretien. Le plus souvent, ils sont obligés de les envoyer dans les champs ramasser l'herbe qu'ils peuvent joindre malgré la gelée, la neige et le givre. Avec une pareille hygiène, il n'est pas surprenant que dans certaines années, la cachexie aqueuse exerce dans les troupeaux les plus affreux ravages. Pour combattre les effets pernicieux de l'humidité, dont l'herbe est chargée, le propriétaire-améliorateur fera bien, en commençant, d'exiger que ces colons distribuent, soir et matin, au moins une ration de paille. Au fur et à mesure que la culture s'améliorera, il augmentera la ration jusqu'au moment où la stabulation complète deviendra possible pendant tout l'hiver. Quand ce jour, objet de l'ambition de tout débutant, sera venu, il faudra continuer à faire prendre au troupeau un exercice qui est indispensable aux bêtes à laine. Les parcs dont nous avons parlé plus haut et dont toutes les bergeries devront alors être munies, seront à cet effet d'une très-grande utilité.

Dans le courant de janvier, les bêtes à laine trouvent bien peu d'herbe dans les champs. Les jeunes prairies artificielles offrent naturellement, sous ce rapport, plus de ressources que toutes les autres soles. Le propriétaire devra veiller à ce que le troupeau n'y soit pas conduit trop souvent parce qu'elles seraient tondues de trop près et en éprouveraient un très-grave préjudice.

La porcherie ne mérite pas moins d'attirer l'attention. Les porcs sont sensibles au froid ; il convient donc de les tenir chaudement. Il leur faut une litière abondante et souvent renouvelée. Le cochon est aussi propre que tous les autres animaux domestiques. S'il en a la possibilité, il aura toujours le soin de déposer ses ordures dans un coin spécial de sa loge ou dans l'arrière-cour qui en doit toujours dépendre. A l'état libre, il ne se tiendra jamais dans cette partie de son habitation. La jouissance avec laquelle il recherche l'eau et se laisse bouchonner après un bain est une nouvelle preuve qu'il n'est sale que si on le tient salement. Les truies et les porcelets réclament les mêmes soins. Leur nourriture à tous se compose de racines cuites, tels que betteraves, carottes, topinambours et pommes de terre de rebut. On y ajoute des criblures de blé et autres grains ou du son. Les eaux grasses et le petit-lait sont réservés aux truies nourrices. On ajoute des farines à ces liquides lorsqu'il s'agit de préparer la ration des porcs d'engrais. Une semblable nourriture donnerait aux truies un embonpoint qui serait au moins inutile, et qui pourrait occasionner de graves accidents lors de la mise-bas.

Le moment est venu de payer une partie des redevances en volailles. Il faut bien reconnaître que les maîtresses se montrent souvent bien exigeantes ; il ne faut pas non plus se dissimuler que les métayères sont loin d'être toujours très-raisonnables. Elles ont naturellement une grande propension à conduire au marché les plus belles pièces et à les vendre à leur profit exclusif. Dans beaucoup de cas, ces discussions ont eu les conséquences les plus fâcheuses. Elles ont troublé des rapports qui, jusque-là, avaient été excellents ; elles ont ainsi contribué à l'insuccès d'une entreprise bien conduite et parfaitement combinée. Pour les éviter et même les prévenir, le propriétaire se réservera, dans son bail, la faculté de se faire payer ces menus suffrages, soit en nature, soit en argent à un prix fixé d'avance pour chaque espèce. Cette convention établie, il n'en usera que rarement, à la dernière extrémité. Si, par exemple, la métayère abusait et apportait des volailles notoirement mauvaises, alors, il donnerait une leçon et userait de ses droits. Mais, sous aucun prétexte, il ne tolérera des récriminations qui ne seraient, en réalité, que des taquineries bonnes à porter le découragement dans la famille du colon.

Jusqu'ici l'éducation du lapin a été trop négligée dans les fermes et, en particulier, dans les métairies. Avec le système nouveau que le propriétaire-améliorateur va introduire dans ses domaines, il devra se proposer pour but l'amélioration du sort matériel de tous ses paysans ; parce qu'il faut commencer par assurer la nourriture du corps avant d'entreprendre le côté moral et intellectuel de cette question multiple, difficile, compliquée du métayage moderne. Il cherchera à arriver, le plus tôt possible, à faire tuer, chaque année, plusieurs porcs par ses colons ; il leur installera un jardin potager, un verger et une vigne. Fidèle à son système, il encouragera les métayers à élever des lapins. Il leur procurera ainsi les moyens de varier l'alimentation des gens de la ferme par une nourriture saine et excellente.

Jardin potager. — Verger. — Vigne. — M. de Dombasle s'est plaint, depuis longtemps déjà, de ce qu'un jardin potager manquait à presque toutes nos exploitations rurales. Malgré sa haute et incontestable autorité, malgré l'éloquent plaidoyer en faveur de cette installation qu'il a placé en tête de son si remarquable calendrier, il faut bien reconnaître que cet état de choses commence à peine à se modifier. L'illustre fondateur de Roville fait remarquer que tout ce que les cultivateurs, leur famille ou leurs gens consommeront en légumes sera autant de diminué sur la consommation du pain, consommation si énorme qu'elle est presque incroyable dans toutes les fermes où la table n'est pas couverte d'une grande abondance de légumes. Tous les grains épargnés ainsi dans la consommation de la ferme seront conduits au marché ; c'est donc comme si le jardin les eût produits. En calculant ainsi, on verra que la production du jardin est trois ou quatre fois plus considérable que celle des plus riches terres à froment.

Ce qui précède n'est pas moins vrai pour la vigne.

L'objet constant des préoccupations du propriétaire de métairies doit être de procurer à ses colons tout le bien-être possible. Il y contribuera puissamment en mettant à leur disposition un jardin potager, un verger, et une vigne installés dans les meilleures conditions que faire se pourra. Mais, en faisant cette recommandation dans les termes les plus pressants, je n'ai pas la prétention de faire cultiver par les métayers les légumes fins et délicats, à plus forte raison, les cultures forcées, les primeurs. Une semblable idée serait certainement calamiteuse pour les colons. Qu'ils trouvent dans ce jardin, les choux, les carottes, les navets, les haricots et les pommes de terre nécessaires au ménage de l'exploitation et je me déclarerai très-satisfait. Un progrès énorme aura été réalisé parce que relativement un immense bien-être y aura pénétré.

Il ne s'agit donc, en définitive, que de la culture des légumes les plus grossiers. Or, les métayers sauront parfaitement la pratiquer avec succès, comme ils savent réussir, toutes les fois que leur intérêt personnel est en jeu. Cependant, il convient de ne pas se montrer trop exigeant à cet égard. Le jardin n'est qu'un accessoire; il ne doit pas détourner une partie de l'attention dont la culture proprement dite a besoin tout entière. Il y a donc convenance et avantage à trouver une combinaison qui leur permette de se décharger de tous les soins du potager. Dans toute exploitation bien conduite, fermage ou métayage, il est toujours bon de posséder un certain nombre d'ouvriers, qui, logés sur la propriété même, y sont constamment employés. Le colon peut s'entendre avec eux pour qu'ils cultivent les légumes dont il a besoin. Il pourrait, par exemple, fournir la terre ainsi que le fumier, et leur donner pour rémunération, une part plus ou moins forte de la récolte, à la condition qu'ils feront tous les autres frais. Un arrangement analogue, peut, bien entendu, être pris avec toute autre personne capable de remplir ses engagements d'une manière convenable.

Les seuls travaux à effectuer actuellement dans un semblable jardin, consistent à conduire du fumier dans les carrés et à l'enterrer par un labour. Si les labours d'hiver produisent de grands effets en grande culture, ils ne sont pas moins utile à un terrain soumis au jardinage. Il n'y a même que les fortes gelées qui ameublissent convenablement les mottes, quand le jardin est établi sur une terre argileuse.

Le verger est un espace clos planté d'arbres fruitiers de plein vent. Il est complétement distinct du potager, et si l'on veut obtenir des fruits, il ne faut lui demander aucune autre récolte. C'est une condition *sine qua non*. Si la terre qui entoure les arbres du verger n'a pas encore reçu de façon d'hiver, il faut se hâter de la lui donner. Si le temps le permet, il est également très-opportun de couper les pousses qui partent soit du pied, soit le long du tronc des arbres. On procède, avec prudence et beaucoup de soin, à l'élagage des branches gourmandes. L'élagage peut encore avoir pour but de donner de l'air à l'intérieur des branches qui forment la tête de l'arbre. Aucune plante ne peut se passer d'engrais. Si l'on veut que les arbres fruitiers donnent habituellement de beaux et bons fruits en grande quantité, il faut absolument amender et fumer la terre qui les porte. Au mois de janvier, on conduira, au pied de chaque arbre la quantité de fumier dont on pourra disposer et on l'étendra autour de chaque arbre. Les pluies et la neige, en fondant, suffiront pour faire pénétrer jusqu'aux racines les principes fertilisants qu'elles auront préalablement dissous. Au mois de mars seulement, avant les premières sécheresses du printemps, on donnera au pied de chaque arbre une façon superficielle et on enterrera le fumier en même temps. Avec tous ces soins, le propriétaire et son colon obtiendront de beaux arbres et beaucoup de fruits. En les négligeant, ils n'auront qu'exceptionnellement des produits. Ils doivent donc plutôt tendre à posséder un petit nombre d'arbres recevant tous les soins voulus, qu'à en avoir un très-grand nombre abandonnés à eux-mêmes et ne produisant presque rien.

C'est également au mois de janvier qu'on procède à l'élagage des arbres d'avenue et à l'émondage des saules toutes les fois que le temps le permet. Il ne saurait être question ici de l'émondage des peupliers; en ne pratiquant cette opération qu'au mois d'août on ne fait pas de mal aux arbres et on se procure des ressources alimentaires que les bêtes à laine apprécieront fort l'hiver suivant. Enfin, on tond les haies, puis on nettoie les fossés de clôture et on fabrique avec les curures d'excellents composts.

Le propriétaire doit être la tête qui dirige et le métayer le bras qui exécute. — Tel est le grand principe du métayage moderne. Il est tellement vrai qu'on a pu dire avec raison : *Tant vaut le propriétaire, tant vaut le colon.*

Si ce principe recevait une application générale dans la France du colonage partiaire, la misère en disparaîtrait, le fermage dont les départements du Nord sont si justement fiers serait dépassé, et la France agricole marcherait de pair avec les contrées les plus riches et les plus avancées. Bien des personnes considèrent ce rêve comme une utopie. Elles affirment que les paysans n'accepteront la dilection du *maître* que contraints et forcés, et, suivant elles, ils secoueront ce joug incommode et blessant, le plus tôt que faire se pourra. Je me garderais bien de les contredire et de vouloir prédire ce qui arrivera. Cependant, j'ai la conviction profonde que si telle est la ligne de conduite des colons partiaires, le châtiment ne se fera pas attendre. Leurs localités sont déjà envahies par des fermiers étrangers qui, sous le double rapport de la responsabilité et des connaissances spéciales, offriront toujours plus de garanties au propriétaire. Que de fois ces fermiers se sont arrangés avec les métayers sortants et en ont fait leurs domestiques. Que de familles de métayers, ainsi expulsées, sont devenues des réunions de simples et malheureux journaliers. Que les colons partiaires y prennent donc bien garde s'ils ne veulent pas que cet état de choses, aujourd'hui l'exception, ne devienne générale. Si jamais mes craintes à ce sujet se réalisent, les pauvres colons seront cruellement punis de n'avoir pas entendu les avis désintéressés de leurs amis les plus dévoués.

En attendant que le temps prononce, le propriétaire-initiateur doit redoubler d'efforts pour se tenir à la hauteur de sa tâche et pour développer l'intelligence de ses colons. Des bras intelligents exécuteront toujours la besogne la meilleure et comme qualité et comme quantité. Des lectures sérieuses l'aideront puissamment à mener à bonne fin sa difficile entreprise.

Il faut bien reconnaître que, dans l'état actuel des choses, il est, pour ainsi dire, impossible de composer une bibliothèque parfaitement adaptée aux exigences spéciales de ces deux situations : le propriétaire et le colon. Il me semble cependant convenable de donner quelques indications à ce sujet à la fin des travaux de chaque mois. Après m'être occupé du côté matériel de ma tâche, je demande à penser un peu aux choses de l'intelligence. Voici l'indication de quelques ouvrages à lire ou à consulter par le propriétaire et par le métayer :

Ouvrages à lire ou à consulter.

PAR LE PROPRIÉTAIRE	PAR LE MÉTAYER

PENDANT TOUTE L'ANNÉE.

PAR LE PROPRIÉTAIRE	PAR LE MÉTAYER
Le Bon Fermier, par MM. Barral et de Céris.	Le Calendrier du bon cultivateur, par M. de Dombasle.
Tous les ouvrages de M. le comte de Gasparin.	Les différents almanachs agricoles, horticoles et viticoles.
L'Encyclopédie de l'agriculteur, par MM. Moll et Gayot.	Un journal des halles et marchés.
Le Manuel du propriétaire de métairies, par M. Rieffel.	
La Maison rustique du dix-neuvième siècle.	PAR SA FEMME ET SES FILLES.
Les voyages en France et à l'étranger de M. le comte Conrad de Gourcy.	La Maison rustique des dames, La Maison rustique des Enfants. par madame Cora Millet-Robinet.
Journaux spéciaux d'agriculture.	

PENDANT LE MOIS DE JANVIER.

PAR LE PROPRIÉTAIRE	PAR LE MÉTAYER
Les différents traités de M. E. Lecouteux sur la culture améliorante.	Œuvres de Jacques Bujault illustrées.

MOIS DE FÉVRIER

ADMINISTRATION. — Fin des travaux d'hiver. — Début des semailles de printemps. — Visite aux emblavures. — Examen des modifications possibles à l'assolement. — Acquisition des graines fourragères, des semences de céréales, des engrais, des instruments pour nettoyer les grains.

CULTURE. — *Travaux intérieurs*. Nettoyage et préparation des semences de céréales.

Travaux extérieurs. — Nécessité de procéder le plus tôt possible aux ensemencements. — Récoltes des rutabagas et des topinambours. — Herser les prairies naturelles, les niveler, les nettoyer et répandre les engrais ou les amendements qui leur sont destinés. — Confection et entretien des chemins ou des raies d'écoulement, réparer les clôtures, tondre les haies, curer les fossés, semer l'ajonc.

BÉTAIL. — Nécessité de donner constamment au bétail une bonne alimentation. — Importance qu'il y a à lui fournir dans le bas-âge une nourriture très-substantielle. — Rétablir de larges rations aux attelages surchargés de travaux. — Éviter les refroidissements. — Mesures à prendre pour que le domaine soit fréquemment visité par un vétérinaire. — Entretien d'un rucher.

POTAGER, VERGER, VIGNE, BOIS. — Semis en place ou en pépinière et plantations à effectuer. — Élagage, nettoyage, échenillage des arbres fruitiers. — Préparation du sol destiné à être transformé en bois. — Recépage dans les jeunes plantations d'arbres feuillus. — Surveillance dans les coupes des bois taillis. — Plantation d'une vigne. — Remplacement des ceps morts. — Taille et deuxième façon.

Dans la première partie du mois de février, on constate généralement les mêmes phénomènes atmosphériques que pendant le mois de janvier ; la dernière quinzaine, au contraire, se rapproche du mois de mars. Au point de vue de l'agriculteur, le mois de février est donc un mois intermédiaire ; c'est la transition entre l'hiver et le printemps ; la conséquence forcée, c'est que dans la ferme, bêtes et gens passent de l'inaction relative imposée par la saison rigoureuse à l'activité dévorante des ensemencements du printemps. Un métayer, laborieux et soigneux, doit être tout prêt pour exécuter vite et bien tous ces travaux dont dépend la prospérité du domaine pendant l'année qui va suivre. Il doit s'être attaché un personnel travailleur ; ses attelages doivent être reposés et son matériel sera en parfait état, grâce à des renouvellements et aux réparations effectués dans la morte-saison. En février, l'agriculteur se hâte donc, d'ordinaire, de finir les travaux commencés pendant le mois précédent et aussitôt que la saison le lui permet, il entame la nombreuse série des ensemensements de mars.

Achever les battages, finir de botteler les fourrages, si, bien entendu, on a adopté cet excellent et unique moyen de vérifier les ressources dont on dispose pour l'avenir ; terminer les réparations à tout le matériel, préparer les composts, visiter les greniers à grains, les chambres et les silos à racines, donner des soins aux fumiers produits tous les jours ; tels sont les travaux intérieurs. A l'extérieur, suivant l'état de l'atmosphère, on continue soit à transporter des terres, de la marne et du fumier, soit à labourer. Si la saison est belle, il y a avantage à semer sur le champ de l'avoine et du blé. Enfin, on récolte des rutabagas et des topinambours, ressources précieuses à cette époque où le bétail devra attendre les fourrages verts pendant plusieurs mois encore.

Le premier soin du propriétaire-améliorateur a dû être de lier son colon par un bail bien cimenté, passé par devant notaire. Un des articles de ce bail a dû déterminer à l'avance les règles d'après lesquelles s'opérerait la succession de toutes les récoltes. Il est évident que le métayage ne permet pas la combinaison que les grands cultivateurs du Nord appellent un assolement libre, même quand cet arrangement offrirait les plus grands avantages, ce qui, fort heureusement, n'est pas démontré. Les deux parties n'en devront pas moins visiter avec soin toutes leurs emblavures ; discuter avec attention toutes les circonstances qui pourront influer sur le rendement et sur les prix probables des diverses denrées. Ils profiteront, pour cela, des derniers loisirs que laisse la morte saison. Après cette étude, ils décideront définitivement l'étendue qui devra être consacrée à chaque récolte ; ils verront s'il y a lieu de remplacer, par exemple, l'avoine par du blé de mars, de l'orge ou du sarrasin et réciproquement ; le trèfle ordinaire, étouffé par la céréale qui devait le protéger, par de la vesce de mars ou du maïs, etc... Ces modifications sont trop légères

2.

pour porter atteinte à la fertilité du sol, objet des constantes préoccupations du propriétaire-améliorateur, et elles auront souvent, comme résultats pécuniaires une véritable importance. De nos jours, il faut que le cultivateur prenne modèle sur le commerçant, qu'il apprenne à compter et qu'il sache profiter des circonstances favorables. En mettant ses colons au courant de ces nouvelles pratiques, en leur prêtant son concours, lorsqu'ils en feront les premières applications, le propriétaire leur prouvera son désir de leur être utile et son entente des affaires. Ce sera un puissant moyen de leur inspirer confiance. Les métayers ne seront pas moins sensibles aux soins que prendra le propriétaire de leur procurer au meilleur marché possible la meilleure et la plus belle semence de trèfle, de luzerne, de betteraves..., s'il leur manque tout ou partie de leur provision. Je ferai une observation analogue à propos des engrais artificiels dont ils pourraient avoir besoin. En s'adressant aux meilleures maisons, en achetant dans les pays de production, en leur évitant les intermédiaires, en payant comptant, le propriétaire peut, dans ces circonstances, leur rendre, sans peine et à peu de frais, de très-réels services.

Le bétail bien nourri seul est profitable, nous aurons le soin de rappeler souvent ce grand principe de zootechnie. Une règle analogue doit guider le cultivateur pour toutes ses cultures : *Aux grosses fumures les gros rendements.* Ces rendements sont, en outre, les plus économiques, parce que la dose la plus forte d'engrais augmente les produits sans augmenter le travail. Les agriculteurs les plus avancés, ceux qui disposent des plus fortes fumures ne trouvent jamais leurs terres suffisamment enrichies. Ils demandent toujours au commerce un supplément d'engrais considérable. Le propriétaire-améliorateur dont la terre est appauvrie de longue date, dont la provision d'engrais est toujours des plus insuffisantes, ne doit pas hésiter à suivre cet exemple. Il imposera à ses colons l'obligation d'acheter chaque année une certaine quantité de guano. Ce guano sera employé principalement sur la céréale dans laquelle les prairies artificielles auront été semées. Bien entendu, il payera sa part de la dépense dans la proportion où elle devra lui profiter.

Dans cette circonstance, le propriétaire ne devra pas agir sans examen, sans réflexion. Je connais des localités où la garnison vendait, il y quelques années, ses fumiers à raison de trois centimes par cheval. J'en connais d'autres où le bon foin de pré valait à peine quarante francs les mille kilogrammes. Dans ces conditions, il serait plus avantageux d'acheter du fumier de cavalerie ou du foin. Les animaux consommeraient ces fourrages avec double profit, puisqu'ils produiraient, à la fois, de la viande et du fumier. Le propriétaire seul peut décider ce qu'il y a de mieux à faire, en pareil cas.

Il rendra encore un immense service à ses colons s'il parvient à leur faire semer de bonne heure leur sole de blé de mars. Ils ont bien remarqué que plus il était confié tôt à la terre, mieux il réussissait, plus ses produits étaient abondants. Mais, les anciens ne labouraient pas pendant l'hiver et l'idee ne leur était même pas venue que la gelée et les pluies produiraient un excellent effet sur des terres remuées d'avance. Leur serait-elle venue, que souvent ils n'étaient pas organisés pour cela. Comment faire travailler des bêtes dont la nourriture était à peine suffisante pour les faire vivre? Cela dit, je m'empresse d'ajouter que le propriétaire leur rendra un service encore plus grand s'il les oblige à remplacer cette céréale par de l'avoine ou de l'orge, toutes les fois qu'ils ne pourront pas lui consacrer une terre suffisamment riche et qu'une circonstance quelconque les forcerait à procéder tardivement aux semailles.

Tout propriétaire, désireux de modifier la culture de ses métairies, doit commencer par mettre à la disposition de ses colons un certain nombre d'instruments nouveaux, parmi lesquels figurera la série des appareils indispensables pour préparer convenablement le blé et les autres céréales pour la vente. Dans aucun cas, des semences ne seront confiées au sol avant d'avoir reçu des soins encore plus complets. Après quelques années de précautions semblables, les récoltes seront nettes de mauvaises graines et parfaitement propres. Le nettoyage sera facile et s'opérera aux moindres frais possible. Comme on n'emploiera que des grains choisis, ils germeront tous et il sera permis de diminuer la quantité de semences. D'autre part, tous les grains de l'exploitation seront vendus aux prix de la première qualité et souvent recherchés comme semences, à des prix exceptionnels. En comparaison de ces avantages, que seraient donc les frais indispensables pour faire passer une fois de plus quelques sacs de blé ou d'avoine aux rieurs Vachon et Pernollet?

Bien entendu, les semences de froment subiront les préparations destinées à préserver la future récolte de la carie et autres affections criptogamiques. Il n'est pas aujourd'hui un seul métayer qui ignore les précautions à prendre en cette occurrence. Tous connaissent, au moins, un des nombreux procédés usités depuis quelques années. Le propriétaire n'aura donc qu'à s'assurer qu'ils en font un usage convenable. Il fera bien aussi de rechercher s'il n'existe pas une méthode meilleure que celle employée par ses colons. S'il croit qu'il est possible de mieux faire, qu'il leur enseigne ce moyen perfectionné. Il est sûr de leur être agréable et de les voir accepter sur ce point tous ses conseils avec empressement. Pendant longtemps encore, la culture de toutes les céréales, celle du blé principalement, sera l'objet de toutes leurs préférences.

On sème aussi l'ajonc que l'on rencontre dans tous les sols de granit ou de gneiss et jamais sur les terrains calcaires. M. Rieffel a employé cette plante comme fourrage à Grandjouan ; il l'emploie sur une grande échelle et avec un succès digne d'attirer toute l'attention des propriétaires placés dans les conditions voulues pour en faire également usage. Ils trouveront les renseignements les plus précis sur la culture de cette plante et sur son emploi pour l'alimentation des bestiaux dans le *Journal d'agriculture pratique* et dans le Manuel du propriétaire de métairies.

La seule récolte à faire pendant ce mois consiste à arracher les rutabagas et les topinambours. Cette opération s'effectue au fur et à mesure des besoins de la consommation, afin d'éviter des frais d'emmagasinage. Le travail s'exécute à des conditions qui ont été convenues d'avance entre le propriétaire et son colon. D'ordinaire, le premier paye toute cette dépense, après avoir fourni les premières semences ; le second effectue les transports et tous les autres travaux. Bien entendu, il fait nettoyer même les topinambours et leur fait subir, ainsi qu'à toutes les autres racines, toutes les préparations voulues pour que le bétail puisse les consommer.

Si ce n'est dans un petit nombre de provinces placées dans des conditions exceptionnellement favorables comme la Marche, le Limousin et l'Auvergne, les irrigations sont à peine connues en France. On y proclame bien la haute efficacité de l'eau comme puissant moyen de créer ou d'améliorer les prairies ; mais, on met rarement ces belles théories en pratique. Cette négligence funeste a pour conséquence que des millions de mètres cubes d'eau vont se jeter dans la mer en pure perte, tandis qu'ils auraient pu répandre dans toutes nos provinces des richesses incalculables. Au contraire, les inondations y portent souvent la destruction et la ruine !!! En attendant le jour où une semblable imprévoyance cessera, le propriétaire-améliorateur ne devra pas négliger les soins à donner aux prairies naturelles. Il les irriguera, si faire se peut ; il leur fera donner un coup de herse, si la mousse les envahit ; il détruira les mauvaises herbes, les joncs en particulier ; il fera répandre la terre des taupinières ainsi que les excréments accumulés sur certains points par les animaux et tous les engrais ou amendements dont il pourra disposer ; il fera enlever les feuilles et les brindilles ; en un mot, il procédera à un nettoyage général.

Comme le mois précédent, on continuera la confection ou l'entretien des chemins et des raies d'écoulement ; on réparera les clôtures, on fera tondre les haies et on curera les fossés.

Bétail. — Dans nos métairies, les animaux sont généralement en bon état dans les saisons plantureuses du printemps et de l'automne ; au contraire, ils dépérissent durant l'été et à la fin de l'hiver, ils ne se présentent plus que sous forme de squelettes vivants. La peau collée aux os et le poil hérissé reflètent les privations que leur a imposées un manque absolu de prévoyance. Dans ces misérables conditions, ces animaux n'ont pu donner aucun produit et les dépenses faites ensuite pour rétablir sont en pure perte.

D'autres parts, il est fort important de donner une nourriture constamment abondante et substantielle aux animaux d'élève, surtout pendant leur jeune âge. Il n'y a pas bien longtemps que ce grand principe, base de toute amélioration du bétail en Angleterre, a été adopté par les cultivateurs français les plus distingués. Il n'est donc pas surprenant qu'il soit à peine connu des pauvres métayers dont l'ignorance et l'apathie proverbiales sont parfois exagérées. Comment auraient-ils donc pu apprendre, que la principale cause de dégradation, pour les meilleures espèces tient au défaut d'une nourriture suffisamment substantielle dans le bas âge, tandis que les animaux des races les plus chétives atteignent un développement extraordinaire, s'ils sont soumis à une meilleure alimentation, pendant les premières années de leur existence, Instinctivement, ils aiment et ils savent apprécier le beau bétail ; qu'ils arrivent une bonne fois à disposer des ressources nécessaires, et ils sauront bien garnir leurs étables de bêtes choisies.

Quand le propriétaire sera bien convaincu de ces faits, il redoublera d'ardeur pour décider ses colons à semer des graines de plantes fourragères ; dont les produits seront consommés, soit pendant les sécheresses des mois de juillet et d'août, soit pendant l'hiver et le bétail souffrira moins pendant ces deux périodes. En développant ces essais, l'abondance succédera peu à peu à la pénurie dans les fenils ; une nourriture régulière à la disette dans les étables ; la richesse à la misère dans la bourse du propriétaire et dans celle de son colon. Quand ce jour bienheureux sera venu, la tâche du propriétaire ne sera pas finie, parce qu'il n'est pas donné à notre pauvre humanité de s'arrêter dans la voie du progrès ; mais son entreprise aura fait un pas immense.

S'il a été possible de réaliser, le mois précédent, quelques économies sur les rations destinées aux attelages, il ne faut pas oublier que ces rations doivent être rétablies, ce mois-ci, au fur et à mesure que les journées deviendront plus longues et les travaux plus pénibles. Il convient également de bien recommander aux conducteurs qu'ils évitent les refroidissements. Dans cette saison, les animaux sont fort exposés à ces accidents. Ces accidents sont très-dangereux, mais, n'auraient-ils pour conséquences que de priver le cultivateur de ses moyens d'action, au moment où les travaux sont si nombreux et si urgents, qu'on ne saurait prendre trop de précautions pour les éviter.

Malheureusement, ce n'est pas la seule maladie à laquelle le bétail de nos métairies est exposé. Elles sont nombreuses particulièrement lors des mises-bas qui se succèdent à des intervalles rapprochés dans le courant de ce mois. Les colons aiment beaucoup leur bétail ; mais, leur ignorance est extrême en fait de médecine vétérinaire. Leur position difficile, besoigneuse, leur a imposé des habitudes de parcimonie dont il est impossible de se faire une juste idée quand on ne les a pas vus de près. Elle les a obligés à ne recourir, que par exception, au médecin de la ville voisine, même dans le cas où ils sont gravement malades. Comment s'étonner alors qu'ils hésitent, lorsque l'aisance s'est accrue, à faire venir l'homme de l'art pour soigner une de leurs bêtes très-sérieusement atteintes. Voilà des circonstances dans lesquelles le propriétaire ne doit pas hésiter à intervenir et à user de son autorité. Il s'est assez souvent montré avare des petites économies de ses colons ; il leur a déjà fait assez de bien pour ne pas hésiter à leur imposer une petite dépense, qui dans la plupart des cas fort heureusement leur sera remboursée à de gros intérêts. En effet, il s'est formé, dans ces dernières années un corps de vétérinaires, aujourd'hui disséminés sur tous les points du pays, et composés d'hommes qui font le plus grand honneur à nos écoles. On peut, sans crainte, leur rendre cette justice, qu'ils sauvent presque toujours les bêtes les plus malades, lorsque, bien entendu, ils n'ont pas été appelés trop tard. Aussi, devons-nous tous déplorer que les sorciers et autres empiriques soient encore autorisés par la loi à empester nos campagnes. Aussi, tout propriétaire, ami du progrès et soigneux de ses intérêts, ne doit-il pas hésiter à chasser pour toujours ces empiriques de ses métairies, si les circonstances le lui permettent.

Au surplus, le propriétaire-initiateur qui accepte sa mission avec toutes ses conséquences, n'hésitera pas à s'entendre avec le vétérinaire de la ville voisine pour qu'il aille de temps en temps visiter ses métairies. Il le priera de faire, toutes les fois qu'aucun animal ne réclamera pas ses soins, une tournée dans les étables et d'exiger que ses colons l'accompagnent toujours. Dans cette tournée, l'homme de l'art approuvera ce qui est bien, blâmera ce qui est mal et indiquera le moyen de faire mieux aux deux parties intéressées. Dans ma conviction, il aura rarement des bêtes à traiter, parce que, je n'en doute pas, ses conseils seront écoutés et suivis avec soin et intelligence. Un des leurs a dit que les vétérinaires étaient les missionnaires du progrès agricole [1]. On voit que je comprends leur mission absolument de la même manière que lui. Mais, dans ce bas monde, toute peine mérite salaire. La juste rémunération, qui serait due au vétérinaire, serait évidemment prise à la charge des deux parties dans des proportions variables suivant les circonstances et déterminées à l'avance par un article spécial du bail. Dans un but d'économie facile à comprendre, le propriétaire fera tous ses efforts pour que plusieurs voisins consentent à un arrangement analogue avec le même vétérinaire. Quand une circonstance quelconque l'appellera dans ces parages, il ne lui en coûtera pas beaucoup plus, une fois que ces conventions seront faites, de passer par dix exploitations que par une seule.

Les soins à donner à l'étable, à la bergerie, à la porcherie et à la basse-cour sont les mêmes qu'en janvier.

Tous les paysans ont des connaissances pratiques qui leur permettent d'entretenir, avec profit, un rucher plus ou moins nombreux. Le propriétaire-améliorateur fera bien d'encourager ses colons à s'occuper de l'éducation des abeilles. Pour peu qu'ils y aient du goût, avec l'intelligence, l'esprit d'ordre et l'amour du travail dont ils doivent être animés, ils procureront sans frais, à leur ménage un bien-être véritable et ils produiront du miel et de la cire qu'ils auront mille occa-

[1] Voir les *Missionnaires du progrès agricole*, par M. Sanson.

sions d'utiliser, ne serait-ce qu'en médicaments destinés à leurs bestiaux. Bien entendu, ce rucher ne devra jamais acquérir une importance telle que le colon aurait besoin d'y consacrer un temps qui serait beaucoup plus utilement employé ailleurs dans l'intérêt général de l'exploitation. Mon intention est de créer un délassement et non pas une spéculation aux gens de la ferme.

Jardin potager. — Verger. — Vigne. — Vers la fin de février, on peut songer à faire dans les carrés du potager quelques semis de pois, d'oignons, de laitues, du persil et du cerfeuil. On sème en pépinière pour être repiquée au mois de mai, les choux de Milan et Cabus, les poireaux et les laitues romaines. Enfin, on plante de l'ail, de l'échalote et de l'oseille provenant d'éclats de pieds. Lorsqu'on veut produire les graines de betteraves et de carottes dont on a besoin, chaque année, on met en place, dans le courant de février ou de mars, au plus tard, lorsqu'on n'a plus rien à craindre des fortes gelées, les racines porte-graines qu'on a tenues en réserve à l'époque de l'arrachage. Il ne faut pas négliger d'éloigner les variétés les unes des autres afin d'éviter les hybridations. Tous ces soins seront, pendant de nombreuses années, bien minutieux pour les colons. Comme, en définitive, ils exigent plus d'attention que de dépenses, le propriétaire devra s'en charger. Il donnera de bons exemples et il réalisera des économies qui auront leur valeur. De plus, il sera sûr de ses semences, ce qui a bien son avantage.

Dans le verger, on procède à l'élagage des arbres fruitiers ; on abat le bois mort, les branches gourmandes et les rameaux languissants ou mal placés, En même temps, on procédera à l'échenillage et on enlèvera les mousses et lichens attachés sur les troncs ou sur les branches.

Le propriétaire qui a fait beaucoup de dépenses pour créer un verger et qui partage les produits avec ses colons peut bien mettre à leur charge les frais qu'entraîne l'échenillage prescrit par la loi du 26 ventôse, an IV, et les rendre seuls responsables de l'amende dont ceux qui négligent d'écheniller sont passibles conformément à la loi du 28 avril 1832 et à l'article 471 du Code Napoléon.

Quant aux plantations, il faut les ajourner à l'automne prochain, si elles ne peuvent être terminées avant la fin du mois de février. On a toujours lieu de regretter des plantations trop tardives ou faites dans de mauvaises conditions.

Il est bien peu de propriétaires de métairies qui n'aient pas des bois à faire exploiter et des terres tellement médiocres que le meilleur parti à en tirer consiste à les planter en bois. Ils trouveront, dans les ouvrages spéciaux, tous les renseignements qu'ils pourront désirer sur ces deux opérations dont l'importance n'échappera à personne. Cependant, il ne me semble pas inutile de leur rappeler ici que le moment est venu de préparer par des labours les terrains destinés à être ensemencés en pins sylvestres ou maritimes, après avoir préalablement profité d'un temps sec pour mettre le feu aux bruyères, aux ajoncs, etc..., qui les couvrent ordinairement. C'est aussi l'époque favorable pour récéper les jeunes plantations d'arbres feuillus qui végètent mal et se couvrent de mousse. Ils feront bien encore de porter toute leur attention sur la manière dont les taillis sont coupés.

La plantation d'une vigne commence dès la Toussaint. On achève cette opération pendant le mois de février, si elle n'a pu être terminée plus tôt. Outre la plantation en grand dans le but de transformer une terre en vigne, pour obéir aux clauses établies dans le bail, c'est le moment de remplacer les ceps, mais dans les vignes anciennement établies. Conformément aux leçons du Dr Guyot, nous dirons que l'emploi de plants enracinés de deux ans, que fournirait une pépinière spécialement créée à cet effet, doit être préférée au provignage. On taille, si les gelées printanières ne sont pas trop à craindre et on donne la deuxième façon, afin de n'avoir plus à s'occuper de ce travail, lorsque viendront les grandes occupations du mois prochain. De même que je n'ai pas eu la prétention de faire cultiver les primeurs par les colons, de même je n'aspire qu'à leur faire récolter la boisson fermentée dont ils ont besoin pour doubler leurs forces et leur ardeur au travail; pour remplacer l'eau quelquefois croupie qui, dans des cas trop nombreux, est la seule ressource des campagnards.

Dans toute entreprise de métayage moderne, les deux parties intéressées doivent réciproquement s'inspirer la plus entière confiance. — Le propriétaire peut choisir; il doit s'efforcer de mettre la main sur une famille de colons honnêtes et travailleurs. Pour en trouver une remplissant à peu près ces conditions, il ne faut, dans les pays de colonage partiaire, que des soins et de l'attention. Lorsque son choix sera fait, il ne devra négliger aucun moyen de vaincre la défiance naturelle aux paysans.

3

Il faut bien reconnaître que, trop souvent, des gens sans aveu n'ont pas hésité à abuser de la façon la plus indigne de leur crédulité et de leur ignorance. Telle est l'origine de leur extrême circonspection. On ne saurait les en blâmer ; mais cette défiance n'en est pas moins la difficulté la plus sérieuse des débuts d'une entreprise de métayage moderne. Pour la surmonter, le propriétaire-améliorateur dispose des moyens les plus variés. L'honnêteté la plus scrupuleuse est la base de tous. Nous en étudierons les principaux à la fin des prochains mois. ✦

En attendant, nous devons plus que jamais, recommander des lectures instructives. Plus les métayers sauront lire, écrire et compter, plus ils se montreront hardis et décidés à marcher de l'avant. Il y aura donc, pour tous, le plus grand intérêt à occuper à des lectures tous leurs moments de loisir.

Ouvrages à lire ou à consulter.

PENDANT LE MOIS DE FÉVRIER.

PAR LE PROPRIÉTAIRE.   PAR LE MÉTAYER.

Les Plantes fourragères, par M. Gustave Heuzé.   *Cours d'agriculture théorique et pratique*, par M. E. Jamet.

MOIS DE MARS

ADMINISTRATION. — Rôles du chef de l'exploitation et de sa femme pendant les grands travaux du printemps.

CULTURE. — *Travaux intérieurs.* Détruire les·rats et les souris dans les greniers et les granges pendant qu'ils sont vides. — Réparer les bâtiments. — Préparation des semences dans le double but de les avoir très-propres et de prévenir les maladies.

Travaux extérieurs. — Derniers transports de fumiers. — Fin des labours. — Avantages des ensemencements hâtifs. — Semailles du blé, de la mouture, de l'avoine et de l'orge. — Semailles des graines de trèfle, de luzerne, de sainfoin, etc. — Place de ces légumineuses dans la rotation. — Semailles des vesces, des pois gris ou bisailles. — Assainissement des pièces. — Plantation des topinambours. — Soins aux prairies naturelles et artificielles. — Plâtrage. — Défrichement des landes. — Transformation des terres en prés.

BÉTAIL. — Soins à donner aux attelages. — Élevage du cheval. — Mesures extraordinaires à prendre pour finir l'engraissement des bœufs dans les meilleures conditions. — Veiller toujours à ce que la provision de fourrages ne s'épuise pas avant la nouvelle récolte ; ne pas laisser pâturer trop tard les prairies naturelles ou artificielles. — Élevage des bêtes à laine.

JARDIN POTAGER, VERGER, VIGNE, BOIS TAILLIS. — Nombreux travaux dans le jardin. — Plantation d'arbres fruitiers dans les terrains argileux et humides. — Semailles des graines de pins sylvestres ou maritimes, des glands et des châtaignes. — Avantages et inconvénients des arbres plantés autour des pièces de terre. — Création d'une pépinière de saules et de peupliers. — Mettre les échalas en place. — Attacher les branches à fruits. — Soutirage du vin.

Pendant le mois de mars, le métayer aura besoin de déployer toute son activité. Les travaux seront nombreux et très-pressés. Or, la besogne exécutée vite, bien et au moment voulu, est toujours la meilleure. Pour arriver à ce résultat, il faudra qu'il ne perde pas un instant et qu'il n'en laisse pas perdre davantage aux gens et aux attelages ; qu'il ne néglige pas de leur donner une nourriture bonne et régulière ; qu'il sache porter sa surveillance un peu partout à la fois et communiquer son ardeur à tous ceux qui l'entourent. Demander du jour au lendemain de semblables qualités à un paysan habitué jusque-là à suivre le pas tranquille et lent de ses bœufs, ce serait tout compromettre. En évitant de le blesser et, autant que possible, sans qu'il s'en aperçoive, le propriétaire le dirigera dans la voie nouvelle. Peu à peu, s'il a été convenablement choisi, il laissera son ancienne nonchalance et il prendra les habitudes de l'homme libre, stimulé par son intérêt personnel.

La métayère devra, de son côté, prendre une large part de la direction de l'exploitation. Elle veillera à ce que la nourriture des gens soit toujours bonne et constamment servie à l'heure dite. Les travailleurs s'en trouveront très-satisfaits et ils ne perdront pas de temps. Pendant que son mari sera occupé dans les champs, elle ne manquera pas de jeter un coup d'œil dans les étables et de voir si le bétail reçoit les soins convenables. Ainsi secondé par sa femme, aidé par ses enfants, le métayer sera bien malheureux s'il ne voit pas l'aisance d'abord, puis une richesse relative pénétrer dans sa maison. Quel bonheur tous ressentiront le jour où il sera permis au chef de la famille de constater ses premières économies ! Quelle douce récompense pour tous des peines et des soucis ! Quel encouragement à continuer !

A l'intérieur, il n'y a plus heureusement beaucoup de besogne. Toutefois, il sera bon de profiter de ce que les greniers et les granges sont vides pour y répandre les poisons destinés à détruire les animaux rongeurs. On fera bien de faire boucher les trous qui leur servent de refuges et de réparer soit les toitures, soit les murailles. Mais toute l'attention doit se porter sur la préparation des semences. Le propriétaire n'insistera jamais trop pour que ses colons les choisissent et les nettoient avec soin, pour qu'ils ne négligent pas de les soumettre aux manipulations destinées à prévenir les maladies qui lors de la moisson, infesteraient les récoltes. Nous avons déjà parlé de ces manipulations au mois de février, pages 31 et 32.

Les travaux de l'extérieur sont, au contraire, à cette époque aussi considérables et importants que variés. Le propriétaire devra les suivre de très-près, tant que ses colons ne seront pas parfaitement au courant. Il n'est plus permis de perdre un seul instant. De l'opportunité avec laquelle on a procédé aux ensemencements dépend presque toujours leur plus ou moins de réussite : *Blé semé est à moitié récolté.*

Il ne faut plus songer à effectuer des charrois de marne ou de terres. On ne peut tout au plus que transporter le fumier nécessaire à certaines récoltes. Tous les attelages seront employés à la culture des terres.

Nous avons déjà signalé l'avantage qu'il y aurait à procéder de bonne heure aux semailles du blé, de l'avoine et de l'orge. Dans nos climats extrêmes du centre de la France, ces céréales peuvent alors prendre une avance qui leur permet de résister aux sécheresses du printemps. Cependant, il n'est pas toujours possible de faire comme on veut ; l'agriculteur obéit à la saison et à mille autres circonstances ; il ne leur commande pas. Bien convaincu de l'excellence de cette manière de procéder, le colon ne manquera pas de se hâter avec le vif désir d'en terminer le plus tôt que faire se pourra.

Dans beaucoup de localités, où l'agriculture est loin d'être avancée, les colons remplacent le blé de mars par un mélange de froment et d'orge de printemps. Ce mélange, connu sous le nom de mouture, donne de meilleurs résultats que ces deux céréales semées séparément. Leur produit transformé en farines fournira un pain qui sera meilleur que celui de seigle et d'orge purs, et qui formera la base de la nourriture des gens de la ferme. Au fur et à mesure que la culture s'améliorera, la mouture sera remplacée par du blé pur, et sous tous les rapports, les métayers s'en trouveront mieux.

Les trèfles, la luzerne, le sainfoin et les autres légumineuses seront semés dans une céréale d'hiver avant le hersage et le roulage qui leur sont indispensables, ou bien, en même temps que les céréales de mars dont nous venons de parler. Il est incontestable que ces légumineuses fourragères réussissent mieux dans une avoine de printemps, par exemple, que dans un blé d'automne. Toutes les fois que ce fait aura été reconnu, il faudra s'efforcer d'en tenir le plus grand compte.

Nous sommes, on a pu déjà s'en convaincre, un très-chaud partisan des ensemencements hâtifs. Mais éclairé par l'expérience, nous savons qu'il est impossible de confier toutes les graines au sol pendant le mois de février. Tout en recommandant de semer les vesces le plus tôt possible, nous n'ignorons pas que, dans la majorité des cas, le cultivateur sera bien heureux s'il a terminé dans les derniers jours de mars. Consommée en vert ou desséchée, la vesce est toujours un excellent fourrage. Elle constitue une très-précieuse ressource à la fin du mois de juillet, quand, pendant les chaleurs de l'été, on veut donner au bétail un supplément indispensable à la nourriture qu'il trouve au-dehors. Évidemment, il n'est pas encore possible de songer à lui donner une ration complète et à le maintenir constamment à l'étable. Coupée lorsque les gousses sont encore vertes, la vesce peut être cultivée dans la jachère fumée. Le labour qui enterre l'engrais profite au blé suivant, et la terre est purgée de mauvaises herbes. Dans ces conditions, elle pousse beaucoup en herbe et donne peu de grain. Si l'on veut récolter la graine, il conviendra donc de la cultiver après une céréale fumée ; mais alors il n'est pas douteux qu'elle épuise et qu'elle salit beaucoup le sol. Il devra donc être nettoyé l'année suivante par une jachère ou par une culture sarclée.

On fait un très-grand usage dans les belles exploitations des environs de Paris du *pois gris ou bisaille*. Cette plante convient admirablement aux bêtes à laine. Il est très-fâcheux que cette plante ne soit pas même connue dans les pays de métayage. Sa culture est en tous points semblable à celle de la vesce. J'en dirai autant de la chicorée que les mêmes cultivateurs mélangent, avec succès, au trèfle incarnat. Ce fourrage est très-recherché par les vaches et par les jeunes porcs. Sa culture est un peu plus compliquée ; néanmoins, elle n'a aucune exigence à laquelle les métayers ne puissent très-bien suffire.

Aussitôt qu'un champ est ensemencé, il faut songer à tracer les raies nécessaires pour l'écoulement des eaux. L'assainissement des pièces est toujours une condition obligée du succès. On peut tracer ces sillons avec une charrue ordinaire ; il sera cependant préférable d'effectuer ce travail au moyen d'une charrue à deux versoirs. Pour donner à ses colons toutes facilités à cet égard, le propriétaire n'hésitera pas à prendre avec eux les arrangements nécessaires, et à mettre à leur disposition le buttoir-rabot de raies de M. de Dombasle. Cet excellent instrument est utilisé dans les circonstances les plus diverses. Il semble même qu'il soit destiné à devenir d'un usage presque journalier, puisque les maîtres de la pratique agricole en arrivent à le recommander, mais en lui faisant subir les perfectionnements les plus considérables, la culture en billons si répandue parmi les colons partiaires.

Ces [ensemencements achevés, il faudra songer à la plantation des topinambours, la plante par excellence des terres pauvres. Tout en m'exprimant ainsi, j'aurai bien le soin de faire remarquer que plus cette culture recevra d'engrais, plus elle sera productive et par conséquent économique. Je ne saurais donc trop engager le propriétaire à faire tous ses efforts pour qu'elle reçoive les façons convenables et une fumure aussi forte que possible.

Ces travaux terminés, on s'occupe des soins à donner aux prairies naturelles ou artificielles. Si les prés n'ont pas pu recevoir tout ou partie des soins que nous avons indiqués précédemment, il faut se hâter de les achever ce mois-ci. Le moment est favorable pour étendre les amendements et les composts, pour enlever les pierres, ainsi que les feuilles et les branchages. Un hersage donné en mars aux luzernières les rend plus productives et prolonge leur existence. Dans les terrains où il produit un bon effet, le plâtre doit être répandu sur toutes les légumineuses, aussitôt qu'il est possible d'entrer dans les pièces. Inspirés par leur esprit d'économie extrême, les colons feront tous leurs efforts pour éviter la dépense qu'entraînera l'acquisition de cet amendement. Ils n'hésiteront même pas à prétendre que le plâtre ne produit aucun effet sur leurs terres. Le propriétaire s'assurera personnellement de la valeur de cette assertion : s'il résulte de son examen que son emploi augmente le produit de la légumineuse, il exigera formellement qu'il soit continué ; dans le cas contraire, il n'hésiterait pas, bien entendu, à le supprimer : au reste, ce serait son intérêt, puisque légitimement il doit payer sa part du prix d'achat. Tous les autres frais resteront à la charge du colon.

Dans les métairies qui ont encore des landes à défricher, on sème l'avoine ; on procède à cette opération après avoir répandu, ou bien, en même temps qu'on répand le noir animal. On sait que dans ces dernières années, on a employé le phosphate fossile pulvérisé au lieu du noir animal. On fait les premières récoltes en suivant ce procédé, puis on fume au fumier de ferme, après avoir marné ou chaulé, et les terres entrent dans l'assolement régulier. Telles sont les règles qu'une sage expérience a inspirées aux défricheurs qui ne veulent pas tuer la poule aux œufs d'or. Combien de propriétaires, entraînés par une avidité mal calculée, poussés par leurs colons, qui, à l'exemple du sauvage, ne prévoient guère le lendemain, ne les ont pas suivies. Combien ont ainsi amené la ruine de leurs terres? Combien ont, par la suite, compromis tous les résultats financiers de leur opération de défrichement en faisant des frais énormes pour leur rendre quelque fécondité avant de les réunir à celles déjà en culture dans le domaine.

. A ce sujet, je ne manquerai pas de rappeler que les métairies sont toujours trop étendues relativement aux forces dont dispose le colon. Donc, le propriétaire ne doit pas y ajouter de nouvelles terres sans un mûr examen. Souvent, il aura avantage à transformer en bois partie ou totalité des anciennes et à remplacer ces dernières par celles provenant de ses défrichements. Il pourra encore créer un second domaine au lieu d'augmenter les constructions de l'ancien, lorsqu'elles seront devenues insuffisantes. Enfin, il fera toujours une opération bonne toutes les fois qu'il pourra transformer une terre en pré. L'époque est favorable pour semer les graines destinées à améliorer ou à créer une prairie naturelle.

Bétail. — Avec le mois de mars, les jours deviennent de plus en plus longs. Les fatigues des attelages ont donc atteint leur maximum. Pour les mettre en état de les supporter, il sera sage de redoubler de soins et de leur donner toute la nourriture qui leur est nécessaire pour réparer leurs forces. Dans un grand nombre de métairies, on se livre à l'élevage du cheval de temps immémorial. Autrefois, la jument et son élève vivaient dans les pacages, ils ne recevaient aucun soin. Il fallait des circonstances tout à fait exceptionnelles pour qu'on songeât à leur accorder un supplément de nourriture. Aussi considérait-on comme un profit net le poulain qu'on vendait de loin en loin. Aujourd'hui, cette manière de calculer n'est plus admissible. Un propriétaire soigneux transformera en pré ou en bois le mauvais pacage des anciens temps. Il saura peser les avantages et les inconvénients de l'élevage du cheval et si, contrairement à mon attente, il se décide, après cet examen, à continuer cette spéculation, il introduira de profondes modifications dans les usages suivis jusque-là. La première consistera à ne plus laisser la monte s'opérer au hasard. Il cherchera à donner à ses juments le meilleur étalon que le pays lui fournira. Ce soin devra le préoccuper aussitôt que le printemps sera venu.

Les autres animaux de l'exploitation recevront les mêmes soins que les mois précédents. Dans le but de terminer vite les engraissements, si cette détestable opération a été entreprise, conformément aux vieux us et coutumes, on rendra la ration tous les jours plus substantielle en augmentant la quantité de farineux et de tourteaux. C'est le meilleur moyen que l'opération finisse vite et devienne bonne, si c'est possible. Le lait atteint généralement un prix élevé, à la fin de l'hiver. Il sera donc habile de donner aux vaches une bonne ration. Autrement, pas de lait, pas de beurre et pas d'argent dans le ménage. Les élèves qui souffrent d'un manque de nourriture, même momentané, s'en remettent difficilement. Avec un peu de prévoyance avant et pendant la saison rigoureuse, on aurait évité une perte qui peut devenir sérieuse. Si le propriétaire s'est laissé prendre une fois dans une semblable circonstance, il doit savoir profiter de la leçon et prendre les mesures les plus énergiques pour que cela ne se renouvelle plus à l'avenir. Les métayers sont généralement très-disposés à envoyer leurs troupeaux pâturer dans les prairies naturelles ou artificielles jusqu'à la dernière extrémité. Rien ne peut être plus funeste à ces récoltes. A aucune condition, sous aucun prétexte, le propriétaire ne devra tolérer un semblable usage ; c'est assurément sacrifier toutes les espérances que l'on pourrait fonder sur les trèfles, les luzernes, etc... Les brebis nourrices reçoivent la meilleure alimentation que faire se peut; les autres, tout en préférant un autre régime plus succulent, peuvent à la rigueur se contenter d'une alimentation dans laquelle la paille joue le principal rôle; quant aux agneaux, on ne doit jamais négliger de les nourrir convenablement. Rien ne leur convient mieux pour favoriser leur développement qu'une provende d'avoine mélangée à du son. Afin d'éviter tous ces soins qui entraînent nécessairement à des dépenses, beaucoup de cultivateurs font naître leurs agneaux vers le printemps. Dans ces conditions, ils peuvent, lorsqu'ils ont besoin d'une nourriture supplémentaire, accompagner leurs mères dans les champs. Ils y prennent un exercice salutaire et ils y mangent une herbe qui formera toujours la meilleure nourriture qu'on puisse leur donner.

Le bien-être de ses colons ne sera pas négligé par le propriétaire. Pour le favoriser, il aura pris l'initiative d'inscrire, dans le bail, une clause qui les autorise à engraisser plusieurs porcs chaque année. Il est inutile d'ajouter que ces porcs seront destinés au ménage de la ferme et qu'ils n'auront pas le droit de les vendre. On les remplacera par les verrats ou par les porcelets choisis dans les dernières portées. L'époque sera très-favorable pour châtrer ces animaux ainsi que ceux destinés à la vente.

La basse-cour a, de tout temps, été l'objet des soins de prédilection des métayères. L'augmentation que les prix des volailles, des œufs et de la plume ont subi dans ces dernières années a naturellement surexcité leur zèle et leur ardeur. Le propriétaire aura donc besoin de veiller à ce qu'elles ne se laissent pas entraîner au-delà de certaines limites. Cette réserve faite, il fera bien de leur donner les moyens de réussir aussi complétement que possible les pontes et les couvées dont l'époque favorable est le mois de mars et le suivant. Dans les métairies où l'on ne néglige pas l'éducation du lapin, le moment est également venu de mettre le mâle aux femelles.

Jardin potager, Verger, Vigne. — Dans le courant du mois de mars, les semis et les plantations sont aussi nombreux dans le jardin que dans les champs. Si nous avons tant insisté pour que les labours et les charrois de fumiers s'effectuent en décembre, janvier et février, c'est précisément afin que le potager absorbe le moins de temps possible à cette saison, où la culture proprement dite a besoin de toutes les forces de l'exploitation.

Dans le verger, on procède aux plantations d'arbres si l'on opère sur des terrains argileux et humides.

Si le propriétaire a entrepris de transformer certaines terres en bois, c'est au mois de mars qu'il sèmera les graines d'arbres résineux, particulièrement des pins sylvestres et maritimes, ainsi que les glands et les châtaigniers.

Les arbres nuisent, sans contredit, aux récoltes situées dans leur voisinage. Dans certaines contrées les pièces ont souvent une étendue très-réduite et elles sont entourées de haies très-larges. Ces haies sont boisées; elles forment de véritables taillis, et elles sont exploitées comme tels. Dans d'autres localités, les plaines sont immenses et complètement nues. C'est à peine s'il y a quelques arbres autour des domaines. Ces deux organisations pèchent, l'une et l'autre, par un excès fâcheux; la vérité me semble comme toujours entre les deux extrêmes. Dans la première, je crois qu'il faudrait conserver comme bois les parties bonnes et situées dans les terrains de moindre qualité. Il faudrait réduire les autres aux dimensions d'une haie ordinaire et remplacer par des plantations soignées les arbres qui seraient mal venus ou mal placés et qui auraient souffert. Dans ce cas, il faudrait donner à chaque pièce l'étendue d'une ou plusieurs soles et l'entourer d'un fossé sur la crête duquel on planterait des arbres choisis en tenant le compte voulu des aptitudes spéciales du terrain. Les fossés formeraient une défense contre les invasions des passants, bêtes et gens; ils donneraient, en outre, les moyens de faire écouler les eaux surabondantes. Dans une foule de cas, ces eaux perdent les récoltes; en la dirigeant au moyen de ces fossés sur les prairies naturelles ordinairement situées dans les vallées, on les transformerait en élément de fertilisation des plus puissants. En attendant qu'ils donnent des bois d'ouvrage ou de chauffage sans négliger l'agrément qu'ils procurent par leurs ombrages, les noyers fourniraient des fruits; les chênes des fagots pour le ménage et le four du domaine; les ormeaux et les peupliers des moyens de chauffage et de nourriture pour les bestiaux. Dans les prés, les saules exploités en têtards ne produisent pas un mal bien sérieux et ils fournissent des fagots qui ont leur valeur.

Les saules et les peupliers se multiplient aisément par leurs boutures. Dans un but d'économie facile à comprendre, le propriétaire fera bien d'utiliser cette faculté et de consacrer un coin de terre à la création d'une pépinière de saules et de peupliers. C'est en mars qu'on crée ces pépinières et qu'on taille les jeunes plants mis en place l'année précédente.

Dans la vigne on achève la taille quand, pour un motif quelconque, on n'a pas terminé plus tôt cette opération. On procède ensuite à l'échalassement, indispensable à toutes les vignes bien tenues. Puis on attache les branches à fruit avec un lien de paille ou un lien en osier. C'est dans le mois de mars qu'on pratique le soutirage : cette opération est indispensable pour donner au vin toutes les qualités dont il est susceptible et pour le conserver avec chances de ne pas le voir gâter ; elle est aussi simple que peu coûteuse, on a donc le plus grand tort de la pratiquer si rarement. Le propriétaire, toujours préoccupé de ses intérêts et de ceux de ses colons, ne la négligera pas pour son vin, et il ne manquera pas de veiller à ce que ses métayers la fasse subir au leur. Sans doute, il ne s'agit pas là d'un vin de prix ; mais pourquoi ne pas prendre un soin qui n'entraîne à aucune dépense, qui demande seulement un peu de peine, d'attention et qui, en définitive, a des résultats aussi avantageux que certains ? Ne pas s'en occuper prouverait une négligence dont très-probablement on retrouverait des traces dans une partie plus importante de l'administration de la métairie. A ce point de vue, le propriétaire-initiateur ne saurait négliger cette opération, ni la laisser négliger par ses colons.

Tous les efforts du propriétaire doivent tendre à réaliser une solidarité complète entre ses intérêts et ceux de son colon. — A la suite de l'Exposition universelle, M. Paul Dupont, chef d'une des premières imprimeries de Paris et député au Corps législatif, fut nommé officier de la Légion-d'honneur. Les ouvriers sollicitèrent et obtinrent l'honneur d'envoyer une députation remercier l'Empereur de la distinction accordée à leur chef.

Dans cette entrevue, Sa Majesté a fait entendre à la députation des paroles dont je tiens à rappeler ici les dernières :

« Je vous remercie, messieurs, de la démarche que vous faites « près de moi; elle honore autant M. Paul Dupont que vous-« mêmes, car la distinction qui lui a été conférée l'a été surtout au « patron qui a introduit chez lui le principe de la solidarité des in-« térêts du maître et de l'ouvrier, et elle me prouve que vous appré-« ciez sainement les bienfaits qui doivent résulter pour la classe « ouvrière de ce nouveau principe introduit dans l'industrie. »

Ainsi, d'une part, on récompense l'industriel qui introduit dans son établissement le principe de la solidarité des intérêts du maître et de l'ouvrier, et de l'autre on repousse avec une rare persistance, avec une incroyable énergie ce même principe, lorsqu'on le trouve tout établi en agriculture dans le colonage partiaire.

O inconséquence des choses de ce monde !

Nous avons constaté, en terminant le mois précédent, que dans une entreprise du métayage moderne les parties intéressées étaient placées vis-à-vis l'une de l'autre dans de telles conditions, qu'elles ne pouvaient pas être considérées comme associées. Le propriétaire doit dès lors être solidaire de ses colons et réciproquement. Cette solidarité confond les intérêts, unit les efforts d'intelligence et de travail dans un but commun, détruit les antagonismes toujours désastreux et forme un seul faisceau des forces dont la divergence a jusqu'ici été le malheur et la ruine. On a dit depuis longtemps que *l'union faisait la force*. Le jour où la solidarité que nous souhaitons sera bien comprise et fortement organisée, le propriétaire et son colon seront liés par des liens indissolubles; ils feront des merveilles, parce que les luttes d'intérêts, les tiraillements auront disparu. Enfin, cette solidarité, quand elle sera bien établie aux yeux des colons, sera le plus puissant moyen d'inspirer la confiance, sans laquelle toute entreprise de métayage moderne ne saurait réussir.

Pour établir cette solidarité, le propriétaire fera bien de conserver l'habitude de partager dans tout, lorsque tel sera l'usage local. Si la coutume donnait au colon seul des produits plus ou moins nombreux, le propriétaire résisterait jusqu'à la dernière limite pour ne pas l'adopter. S'il était contraint de céder devant des habitudes invétérées, il ferait le moins possible de concessions. En agissant ainsi, il rendra sa tâche à venir infiniment plus agréable et plus aisée.

Pour mille raisons faciles à comprendre et trop longues à rapporter ici, il faudra bien du temps pour convaincre les colons de la vérité des principes que nous venons d'exposer. Afin de hâter dans leurs idées actuelles ce changement, qui aurait presque l'importance d'une révolution, il ne faut négliger aucun moyen et surtout le principal, qui ne serait autre que l'instruction. Désireux de la répandre parmi eux ; désireux de donner au propriétaire le moyen de perfectionner encore la sienne, je leur recommande les lectures suivantes :

Ouvrages à lire ou à consulter.

PENDANT LE MOIS DE MARS.

PAR LE PROPRIÉTAIRE.	PAR LE MÉTAYER.
Manuel de l'Amateur des jardins, par MM. Decaisne et Naudin.	Le Potager jardin du cultivateur, par M. Naudin.

MOIS D'AVRIL

ADMINISTRATION. — Changement de métayers le 23 avril. — Nouveaux arrangements rendus nécessaires par l'amélioration du mode de culture. — Si des achats de nourriture sont nécessaires, rechercher, avec soin, les aliments les plus économiques eu égard aux cours des mercuriales et à leur valeur nutritive.

CULTURE. — *Travaux intérieurs*. Terminer les battages. — Soins aux grains déposés dans les greniers.

Travaux extérieurs. — Herser, rouler, sarcler et échardonner les céréales d'automne. — Plantation des topinambours et des pommes de terre. — Ensemencements des carottes, des betteraves, du maïs pour graines et pour fourrages et des prairies artificielles. — Premiers labours à la jachère. — Soins à donner à la jachère. — Création et entretien des raies d'écoulements dans les céréales d'hiver et de printemps. — Faire consommer les pousses vertes des choux-vaches. — Exiger que le bétail n'aille plus dans les prairies naturelles ou artificielles.

BÉTAIL. — Vente des bœufs gras. — Nécessité des pesées préalables. — Précautions à prendre pour préserver les attelages des nombreuses maladies qui peuvent les atteindre à cette époque de l'année. — Nécessité de mieux soigner les juments poulinières. — Précautions pour la monte. — Ne pas vendre les veaux trop jeunes. — Ne pas les retirer de la mère trop vite. — Précautions contre la cachexie. — Les chèvres doivent être bannies des propriétés rurales.

POTAGER, VERGER, VIGNE, BOIS. — Nécessité de pourvoir le jardin d'une citerne destinée à fournir l'eau pour les arrosages. — Achever la taille des arbres fruitiers. — Pratiquer la greffe en fente. — Première façon aux vignes. — Disposer les échalas ou les fils de fer. — Ebourgeonnage et accolage. — Semis de graines d'arbres résineux. — Plantations des mêmes essences. — Soins aux pépinières. — L'exploitation doit être finie le 15 avril. — Continuation des balivages.

Dans certains pays de métayage, les colons entrants prennent possession de leurs domaines pour les jachères et les cheptels de fer: à la

cassaille des terres ou à la Saint-Georges, c'est-à-dire le 23 avr il ;
pour le cheptel à moitié, les pailles et les fumiers : le 24 juin suivant,
c'est-à-dire à la Saint-Jean ; pour les terres emblavées : au fur et à
mesure que la moisson est effectuée ; pour les granges ainsi que pour
une partie de l'habitation et de l'écurie : le 25 décembre suivant, ou
le jour de Noël. Lorsque les circonstances forceront un propriétaire à prendre un nouveau colon, le moment sera venu où ce changement sera l'objet de ses préoccupations les plus vives.

Dans l'Encyclopédie de l'Agriculteur, [1] M. Moll fait remarquer
que le 24 avril est certainement une époque des plus mal choisies.
Il ajoute qu'on ne saurait trop s'étonner de sa conservation jusqu'à
nos jours, si l'on ne savait toute la puissance de durée que possède
une coutume, lorsqu'elle s'est généralisée.

En effet, avec l'entrée au 23 avril, le fermier sortant ayant les em-
blaves d'automne et celles du printemps, et, dès lors, la jouissance
des granges et d'une partie des écuries pendant huit ou dix mois,
les occasions de conflit sont extrêmement multipliées entre lui et
son successeur. Ce dernier reste dix-sept ou dix-huit mois sans rien
récolter et, chose grave, il ne peut même, sans l'assentiment de
son prédécesseur, semer aucune prairie artificielle dans les céréales.

Quelle que soit l'époque adoptée, on n'évitera jamais les inconvénients de la jouissance commune et des contacts désagréables ; le
seul système rationnel est le système usité en Angleterre, d'après
lequel le fermier sortant vend à son successeur, à dire d'experts, les
récoltes sur pied ou rentrées, les pailles et fumiers qui se trouvent
sur le domaine au moment de sa sortie. Malheureusement les métayers n'ont pas assez d'avances pour qu'ils puissent avoir recours
à un pareil système. Cependant, la solution de ce problème ne me
semble pas insoluble. Ainsi, pourquoi ne pas modifier l'époque où
les baux cessent actuellement. Pourquoi ne pas fixer la rendue des
lieux au 15 août avec la faculté au métayer sortant de rester jusqu'au
25 décembre suivant, pour qu'il ait le temps de battre sa récolte et
d'en vendre les produits. Si l'on ne veut aucune communauté, pourquoi ne pas forcer le sortant à céder, à dire d'experts, toute sa récolte
à l'entrant, à la condition qu'il en recevra le prix par quart aux
échéances des 30 septembre, 31 octobre, 30 novembre et 31 décembre. Rien ne serait plus facile ; les combinaisons ne manqueront

[1] Tome III, page 114.

pas ; mais, je suis forcé de convenir que toutes ces questions, malgré leur importance, sont fort négligées.

En général, le métayer entrant trouve les greniers vides et il lui a été impossible de faire aucun ensemencement de graines fourragères. Le propriétaire qui vient d'installer son nouveau colon avec des idées sérieuses d'amélioration ne peut plus songer qu'aux betteraves, aux choux-vaches et au maïs en vert. Il ne doit rien négliger pour que son métayer puisse réussir ces cultures. Elles fourniront des moyens de nourriture qui sauveront le bétail pendant l'hiver et l'été qui vont suivre. Quoi qu'il fasse, il n'en regrettera pas moins que son ancien bail ne lui ait pas permis de prendre ses mesures à l'avance. Éclairé par l'expérience, il ne manquera pas de rechercher toutes les combinaisons qui lui permettront de faire en sorte, une autre fois, que la propriété et particulièrement les bestiaux s'aperçoivent le moins possible d'un changement de cultivateur. Heureusement, il lui aurait été facile de s'épargner tous ces embarras. A tout propriétaire qui se trouvera dans cette situation, je recommande les mesures suivantes. Chacun pourra les modifier suivant les conditions spéciales dans lesquelles il se trouvera.

Dans l'état actuel des choses, les métayers commencent toujours leurs rotations par une jachère. Il faut que le propriétaire obtienne le droit de jouir de cette sole aussitôt après l'enlèvement de la précédente récolte, et qu'il oblige le colon sortant à laisser l'entrant : 1° jouir, à partir du 1er janvier et moyennant une estimation préalable, de tout le fumier produit depuis les ensemencements d'automne ; 2° répandre des graines fourragères dans toutes les céréales où elles auraient une chance quelconque de tant soit peu réussir. Tous les agriculteurs comprendront l'immense importance de ces arrangements, qui pourront être obtenus du colon le plus récalcitrant, moyennant un sacrifice relativement léger.

Libre d'agir, dès le mois d'août, sur les terres destinées à la jachère de l'année suivante, le propriétaire fera effectuer des ensemencements de trèfle incarnat, de vesces d'hiver et de gesses. Je m'empresse de reconnaître que ces ensemencements ne seront pas exécutés dans les conditions les plus brillantes ; mais il s'agit d'une situation telle, que la moindre ressource est précieuse. Je puis, d'ailleurs, affirmer par expérience que, les circonstances atmosphériques aidant, on pourrait bien obtenir des résultats inespérés. Quoi qu'il en soit, ces ensemencements d'automne terminés, il faudra commencer tout de suite les labours destinés aux betteraves, topinambours et pommes de terre, ainsi qu'aux vesces de printemps. On répartira sur ces dernières les engrais produits en novembre, décembre et janvier, et l'on aura des chances sérieuses de succès.

Ces légumineuses mises en terre avec tous les soins possibles, on commencera à conduire les fumiers de février et de mars pour les plantes sarclées, et l'on pressera les métayers d'en terminer avant le 15 avril. A cette époque, les ensemencements de maïs pourront avoir lieu, et en les continuant tous les quinze jours, on se préparera des fourrages verts qui pourront être consommés du 15 juillet au 15 septembre, c'est-à-dire à l'époque des ventes de bestiaux.

Dans un coin du jardin potager, dont toutes les métairies bien conduites doivent aujourd'hui être pourvues, le colon aura dû semer une pépinière de choux-vaches dans le courant du mois de mars. A la fin du mois qui nous occupe, dans le courant de mai ou dans les premiers jours de juin, ces choux seront mis en place. Ils peuvent être cultivés soit après une demi-jachère, soit après le trèfle incarnat ou les vesces d'hiver. Dans tous les cas, ils doivent recevoir une bonne fumure.

Certains propriétaires, ceux qui ne disposent pas de la moindre réserve, auront de la peine à loger les hommes et les animaux dont le métayer aura besoin pour exécuter tous ces travaux. Sans aucun doute, c'est une difficulté de plus ; heureusement, elle n'est pas insurmontable, s'ils y pensent, en prenant avec le colon qui les quitte tous les arrangements dont nous avons parlé.

Bien entendu, nous admettons que le colon entrant aura également pu semer, au mois de février, des graines de légumineuses et de graminées, seules ou mélangées, sur toutes les céréales placées dans des conditions à peu près bonnes pour les recevoir. Il faut surtout qu'il ait eu le droit de herser et de rouler pour couvrir convenablement ces graines. Le rouleau et la herse sont à peu près inconnus d'un grand nombre de métayers ; ceux qui en font usage ont peur de s'en servir énergiquement. Le premier soin du propriétaire doit être d'introduire dans l'exploitation ces instruments indispensables pour donner de bonnes façons. Puis, il apprendra à ses colons la manière de bien les employer.

Les baux ne contiennent aucune convention particulière au sujet de toutes ces mesures si importantes cependant. Il faut pour obtenir des améliorations sérieuses, bien des années et beaucoup de peines, de soins et de dépenses. Cette absence de prévoyance peut compromettre, en quelques mois, tous les résultats obtenus. Je crois inutile d'insister sur ce point ; tous les propriétaires de biens soumis au métayage me comprendront, hélas ! sans peine.

Fort heureusement, il s'agit là d'une exception. Revenons donc bien vite aux conditions ordinaires du faire-valoir par colonage.

Il sera bien rare que le métayer le plus intelligent et le plus actif ait terminé précisément le 1er avril tous les travaux que nous avons indiqués pour le mois de mars. Avant d'en entreprendre de nouveaux, il devra nécessairement les mener à bonne fin, conformément aux indications que nous avons données et à celles que lui suggèreront son expérience personnelle ou les études auxquelles il consacrera ses loisirs. Les travaux dont nous avons à parler pour le mois d'avril ne pressent pas moins que ceux des mois précédents. L'heure du repos n'est donc pas encore arrivée. Il convient, au contraire, que bêtes et gens continuent à travailler aussi fort que jamais.

En effet, à l'intérieur, on terminera les battages et on donnera aux grains les soins voulus pour leur parfaite conservation. A l'extérieur, on procède aux hersages, aux roulages et aux sarclages de toutes les céréales semées à l'automne ; on donne les mêmes façons aux céréales de mars quand elles sont nécessaires ; on herse les topinambours ; on procède aux ensemencements des carottes, des betteraves, du maïs, des prairies artificielles et à la plantation des pommes de terre ; enfin, on exécute les premiers labours de jachère.

Nous insisterons quand le moment sera venu sur la nécessité de donner, avant l'hiver, un labour aux terrains destinés à rester en jachère. Si cette excellente pratique a été adoptée, il conviendra de profiter du moment où la terre sera suffisamment séchée pour scarifier, herser et rouler. En renouvelant plusieurs fois ces opérations peu coûteuses, on favorisera la germination des graines de mauvaises herbes contenues dans le sol et on en détruira la presque totalité. Une jachère ainsi conduite est une façon vraiment efficace et très-économique. Pendant longtemps encore, la jachère sera la meilleure base de toutes les cultures par métayers. Mais, pour qu'elle soit tout-à-fait efficace, les scarifiages, les hersages et les roulages sont indispensables. Malheureusement, il est très-rare qu'on ne néglige pas ces importantes façons. On procède également au sarclage, à l'échardonnage des blés.

La betterave se sème depuis la fin de l'hiver jusqu'au milieu du printemps, selon les années, la nature des terres et les localités. La sémaille des carottes s'effectue ou dans la deuxième quinzaine de mars ou dans la première quinzaine d'avril. Pour obtenir de ces racines un produit considérable, il faut prodiguer au sol les façons de toutes sortes ; labours, hersages, scarifiages, rien ne doit être épargné. Voilà ce que l'on ne saurait trop répéter aux métayers ; voilà ce dont ils ont bien de la peine à se convaincre. Dans ces dernières années, des agriculteurs justement renommés, MM. Bodin et Decrombecq ont recommandé la culture de ces plantes en billons. Ils en ont obtenu des résultats inattendus. Habitués à cultiver au moyen de l'*arau* ou *ariau*, les métayers ont toujours pratiqué les billons ; il sera donc facile de leur faire adopter ces nouvelles méthodes. Le buttoir de M. de Dombasle, ce précieux instrument que nous avons déjà recommandé pour le tracé des raies d'écoulements, leur permettra d'améliorer leurs vieux procédés. Dans ces conditions, le succès semble assuré. D'autres parts, il est permis de compter sur toute leur bonne volonté, puisque cette manière de faire ne modifie pas d'anciennes habitudes et permet d'effectuer, avec une sérieuse économie, les binages et les sarclages, opérations toujours très-coûteuses. En effet, il est très-facile de passer et repasser la houe à cheval entre deux billons avant même que les betteraves ne soient faciles à distinguer ; comme dans la culture à plat c'est impossible, la première façon entraîne à des dépenses considérables. Or, c'est précisément le chiffre élevé des frais qui fait reculer le propriétaire et qui décourage le colon. Si les mauvaises herbes envahissent celles de ces plantes qui ont été semées les premières, il faut procéder, sans retard, aux binages et aux sarclages ; car, une plante qui a souffert dans sa jeunesse réussit rarement, quelque favorables que soient plus tard les circonstances. Mais les cultures reçoivent, en général, des soins tels que ces travaux ne sont pas nécessaires avant le mois de mai ; aussi, remettrons-nous au mois prochain le soin de dire tout ce qui a rapport aux arrangements à prendre à ce sujet avec les colons.

Lorsque la nourriture des bestiaux à l'étable roule en totalité ou en partie, dans une exploitation rurale, sur les fourrages fauchés en vert, il est très-important que les récoltes se succèdent sans interruption, pour assurer la consommation. A cet effet, on doit, en ce mois, semer encore une ou deux fois des vesces, du maïs et des mélanges fourragers.

On sème souvent dans le courant d'avril, les trèfles, la luzerne, le sainfoin et la lupuline. Je m'empresse d'ajouter que, dans le centre, on est à peu près certain d'un insuccès complet, si l'on attend aussi tard pour confier au sol les graines de prairies artificielles.

La plantation des pommes de terre s'effectue le plus ordinairement à cette époque. Je me bornerai aux recommandations suivantes. Dans ces dernières années, la pomme de terre *Chardon* a été avec raison très-recherchée. C'est la récompense des efforts persévérants qu'ont faits plusieurs hommes de bien à la tête desquels il n'est que juste de placer M. Dugrip, membre de la société d'Agriculture du Mans. La culture de cette excellente espèce ne saurait prendre une trop grande extension.

Au sujet de la plantation du précieux tubercule, je ne manquerai pas de rappeler encore que les métayers font trop rarement emploi de la herse et du rouleau. Lorsque ce travail est terminé, s'ils craignent la sécheresse, il sera fort important de les engager à donner un bon coup de herse et à faire suivre la herse par le rouleau, dans les sols légers, lorsque la surface est bien sèche.

Les hersages ne sont pas moins nécessaires aux topinambours qui commencent à lever qu'à l'avoine, à l'orge et aux féveroles récemment semées. Lorsque ces plantes ont reçu à propos une semblable façon, elles souffrent infiniment moins des sécheresses de l'été.

On continue à entretenir les sillons d'écoulement dans les céréales semées avant l'hiver en février, ou en mars. On en crée de nouveaux, au fur et à mesure que les semailles faites en avril sont effectuées. Ces précautions exigent seulement de la peine ; elles sauvent les récoltes, lorsque le printemps est pluvieux.

On sème en avril et en mai les choux destinés à être mis en place en juillet et août. On sème, en février et mars, ceux qu'on veut repiquer en mai et juin. Les pépinières exigent des soins minutieux que les colons ne sauront guère donner, dans les débuts surtout. Le propriétaire fera donc bien de se charger de leur installation et de leur direction. Une fois sorti de terre, le jeune plant est fréquemment exposé aux ravages de l'altise. Pour les éviter, il faut avoir soin de répandre tous les matins de la cendre sur les feuilles. Quant aux choux plantés l'année précédente qui ont passé l'hiver sans être atteints par la gelée, ils fournissent, maintenant, un fourrage vert, abondant et très-utile à cette époque de l'année. Il est aussi très-

recherché par les animaux. Il convient de ne pas laisser la graine
trop se former ; l'heure est venue de les enlever aussitôt que les bou-
tons des fleurs commencent à se montrer. On les coupe par le pied,
ou bien, on les arrache. En sortant des râteliers, les tiges sont mises
à part, desséchées et employées comme combustibles ; ce que les métayers apprécieront beaucoup.

Dès le mois de mars et en avril, au plus tard, on cesse tout-à-fait
le pâturage dans les prairies naturelles destinées à être fauchées.
Dans celles qui sont irriguées, on arrose abondamment, car les eaux
d'avril sont, en général, excellentes. Lorsqu'on pourra disposer d'engrais liquides ou autres, ce sera le cas de les employer ; dans aucune
circonstance, ils ne produiront plus d'effet.

Bétail. — Dans ce mois, les greniers et les silos sont vides ou
bien près de l'être, aussi, sommes-nous arrivés à l'époque la plus
pénible pour le bétail des métairies. Qu'ils sont rares les colons qui
peuvent sans trop d'inquiétudes attendre la récolte des prairies naturelles et artificielles ! Des provisions suffisantes pour traverser cette
époque difficile forment la pierre de touche d'un métayer prévoyant.
Quoi qu'il en soit, le propriétaire veillera à ce que les animaux ne
souffrent pas. Au besoin, il en fera vendre une partie, afin de mieux
nourrir le reste, ou bien il forcera ses colons à acheter des fourrages. Les métayers résisteront quelquefois, il tiendra bon, parce que
l'avenir de ses étables en dépendra.

M. Moll fait observer [1], avec infiniment de raison, que les cultivateurs français se montrent très-économes dans l'emploi des grains et
très-prodigues dans l'emploi des fourrages, sans songer que ces derniers ont souvent un prix plus élevé que les premiers, eu égard à leur
valeur nutritive ; il en cite un exemple des plus significatifs : Dans
l'hiver de 1858 à 1859, le foin a, dans tout l'Ouest, valu, au plus bas,
50 fr. les 500 kilog., ou 10 fr. le quintal métrique ; le sarrasin valait
également 10 fr. les 100 kilog. : or, les évaluations les plus bas-
ses assignent au sarrasin une valeur nutritive double de celle du foin.
La plupart des auteurs disent deux fois et demie, et d'autres même
trois fois. En prenant le rapport moyen, le sarrasin à 10 fr., c'était
du foin à 4 fr. les 100 kilog. et à 20 fr. les 500 kilog.

J'insiste sur ces considérations, parce que le propriétaire seul peut

[1] *Encyclopédie de l'Agriculteur*, tome III, page 117.

établir de semblables calculs ; nous les lui recommandons avec force, comme nous lui avons recommandé de se préoccuper constamment des moyens de procurer à ses colons, aux moindres frais possibles les plus riches engrais [1] et les meilleures graines de trèfle et autres semences [2].

En négociant ces différentes mesures avec eux, le propriétaire profitera de l'occasion pour leur faire remarquer qu'elles sont très-onéreuses et qu'il leur sera toujours facile de les éviter en semant beaucoup de graines fourragères dans les conditions voulues pour récolter une grande quantité de nourriture.

A propos des travaux du mois de décembre, nous rappellerons les moyens qui permettent de tirer le meilleur parti des ressources dont il dispose. Le propriétaire ne manquera pas de faire également remarquer à ses colons combien ces procédés les ont aidés durant l'hiver dont la fin approche ; il insistera sur ce point que, grâce à eux, ils ont pu changer en une abondance relative la pénurie dont leur bétail était menacé.

Il trouvera encore dans ces différentes circonstances des arguments très-forts pour les décider à planter, sans arrière-pensée, une certaine étendue de betteraves et de topinambours qui seront si utiles l'hiver suivant, et à semer beaucoup de maïs, qui, destiné à être fauché en vert, fournira un très-riche fourrage et une très-précieuse ressource pendant les périodes les plus chaudes de l'été.

De semblables leçons, pour ainsi dire en action, frappent toujours des gens ignorants mieux que les plus beaux discours. C'est en ne négligeant jamais de les donner, quand les circonstances se présenteront, que le propriétaire-initiateur parviendra à conquérir ses colons aux idées de progrès.

Nous avons énergiquement blâmé [3] les engraissements pratiqués dans la plupart des contrées de métayage aux dépens des autres animaux de la ferme. Tant que ce déplorable usage durera, les bœufs engraissés pendant l'hiver seront vendus vers l'époque qui nous occupe. A très-peu d'exceptions près, les propriétaires et leurs colons ne sauront guère évaluer le poids des animaux, et les bouchers ainsi que les marchands ne manqueront pas d'abuser de leur ignorance.

[1] Voir mois de février, pages 30 et 31.
[2] Voir mois de février, page 30.
[3] Voir janvier, pages 20 et 21.

Pour suppléer à leur inexpérience, je les engage, de nouveau [1], à se renseigner, par tous les moyens en leur pouvoir, sur le poids des bêtes à vendre.

Les attelages sont exposés à de fréquentes indispositions occasionnées par les changements de temps, les variations brusques de la température et le surcroît de travail qu'amène cette saison. Des soins et des précautions très-simples préviendront les maladies et permettront au chef de l'exploitation d'utiliser toutes ses bêtes de trait à une époque où elles ont bien de la peine à faire toute la besogne.

La plupart des métayers entretiennent une ou plusieurs juments poulinières. Comme elles sont presque toujours mal nourries, mal soignées, elles donnent rarement un produit sérieux ; et cependant on ne leur demande jamais de travail, c'est à peine si le colon s'en sert pour se rendre au marché ou à la foire de la ville voisine. Si, au lieu de les laisser constamment en liberté dans de mauvais pacages ou dans les bois, on leur donnait une bonne alimentation à l'écurie, on en obtiendrait un produit sérieux, rémunérateur, si par hasard la spéculation peut être bonne, et, dans tous les cas, il serait possible d'en exiger un travail, qui serait des plus utiles pour les transports, les hersages, les roulages, etc...

Si, après un mûr examen, le propriétaire croit devoir continuer à faire l'élevage des chevaux, il n'oubliera pas que la monte se fait dans les mois de mars, avril, mai et juin ; il se préoccupera du choix des étalons, et s'efforcera de donner à chacune de ses juments celui qui lui conviendra le mieux. Lorsque le poulain sera né en février, il saura commencer à demander à la mère un travail dont il augmentera la quantité peu à peu ; il prendra toutes les précautions voulues, pour que ni l'un ni l'autre n'ait à en souffrir.

Dans les contrées d'élevage, on conserve de préférence les veaux nés à la fin de l'hiver. Avides de disposer au plus tôt du lait de leurs vaches, beaucoup de cultivateurs séparent trop vite les veaux de leurs mères : ils les livrent à la boucherie à trois et quatre semaines. C'est une perte considérable pour l'alimentation générale; ils soumettent ceux qu'ils gardent trop brusquement au régime du foin ou de l'herbe ; les pauvres bêtes souffrent, maigrissent, et bientôt le développement exagéré de leur ventre contraste avec l'étroitesse de leur poitrine. Ja-

[1] Voir janvier, page 21.

mais un animal qui dans son jeune âge aura été soumis à un pareil régime ne fera un bon reproducteur.

On continue les mesures prises pour préserver les bêtes à laine de la pourriture ; il suffit de leur donner de la nourriture sèche, ne serait-ce que de la paille, tous les matins avant de sortir, et il faut avoir le soin de ne les jamais conduire au pâturage avant que la rosée ait disparu.

Les métayers aiment beaucoup à entretenir des chèvres. La plupart des propriétaires leur interdisent ce droit de la manière la plus ormelle par un article du bail, et ils ont bien raison : car la chèvre exerce de véritables ravages dans les haies, les plantations et les allées ; de plus, il est assez difficile d'en partager les produits : or, nous ne cessons de le répéter, dans tout métayage bien organisé, le propriétaire doit éviter, autant que possible, toutes les spéculations dans lesquelles il ne pourrait pas aisément prélever sa part. Cela dit, nous devons constater pour les métairies dans lesquelles on entretient, quand même, des chèvres, qu'elles mettent bas quelques-unes en mars, et le plus grand nombre dans le courant de ce mois.

On fait saillir actuellement les truies qui ont mis bas en février et en mars. Dans le but de faire consommer le plus longtemps possible des laitues aux cochons, on fera bien d'en semer en mars, avril et mai. Ces laitues seront sarclées et binées avec soin et entretenues très-proprement, autrement elles ne prennent qu'une faible croissance.

Le mois d'avril est l'époque la plus importante pour l'élève des volailles : ponte, couvage et éclosion se succèdent pour toutes les volailles.

Potager, verger, vigne. — Il règne une grande activité dans les jardins : à ce moment tous les labours, transports de terre, de terreau et d'engrais s'achèvent ; en un mot, les travaux d'hiver prennent fin ; les ensemencements de pleine terre, les seuls qui conviennent aux métayers, commencent, et les plantations de toutes sortes se continuent.

Les produits du mois sont peu nombreux ; le personnel de l'exploitation n'en trouvera pas moins, avec plaisir, dans son ordinaire des radis, des laitues et de l'oseille.

C'est en avril que commence le travail des arrosages : l'eau est l'âme d'un jardin, disent les praticiens expérimentés cités par

M. de Dombasle; aussi le service de l'arrosoir ne devra pas être négligé toutes les fois que le sol commencera à se dessé-cher. Il est indispensable que le colon ait, dans le jardin même, ou, à sa portée, un lieu où l'on puisse la puiser commodément. Lorsqu'il n'existera aucune installation de ce genre, le proprié-taire devra la créer. Comme il s'agit d'une amélioration qui restera, d'une amélioration foncière, toute la dépense sera à sa charge; si des transports sont nécessaires, le colon les effectuera sans indemnité.

Dans le jardin fruitier, on achève la taille des arbres. Le mois d'a-vril est la saison la plus favorable pour faire les greffes en fente, les seules que les métayers sachent pratiquer.

On plante, aussitôt le premier labour terminé, les échalas dans les vignes où ils sont en usage. Or, dans tous les vignobles bien tenus, on doit les employer. On répare, on dresse et on regarnit de supports les fils de fer où ils ont remplacé les échalas. On procède ensuite à l'ébourgeonnage. On fait suivre immédiatement cette opération du premier accolage.

Bois taillis; transformation de terres incultes en Bois. — Les semis et plantations des essences feuillues doivent être terminés; le moment est venu de semer les graines d'arbres résineux. On fait également les plantations de résineux dans le courant d'avril. A la fin de ce mois, on peut déjà commencer à repiquer les plants d'un an. On donne des sarclages aux semis d'automne et des binages aux plants de deux et trois ans. Le propriétaire sera largement payé de tous ses soins le jour où il s'agira de repeupler les vides. Dans les bois taillis, l'exploitation des coupes de l'exercice courant doit être terminée au 15 avril ainsi que la vidange de celles de l'exercice précédent.

Le propriétaire-améliorateur doit, en toutes cir-constances, traiter ses colons comme ses associés. — Tant que des progrès considérables n'auront pas été réalisés par les familles qui occupent aujourd'hui nos métairies, le propriétaire devra se réserver la direction exclusive; faire, en un mot, du pou-voir absolu. Dans ces conditions, est-il possible de définir le mé-tayage moderne une association? Dans toute association, les deux parties doivent être sur le pied de la plus parfaite égalité. Or, même en le supposant animé de la meilleure volonté à bien faire, le colon

4

devrait être fort embarrassé d'une semblable situation. En général, il ne sait ni lire ni écrire, comment donc sortira-t-il de son ignorance? Comment apprendra-t-il les pratiques de la culture améliorée, lui qui n'a ni la possibilité d'étudier dans les livres, ni les ressources nécessaires pour aller s'instruire dans les concours et dans les fermes les mieux tenues? De plus, il est pauvre. Est-il permis d'admettre qu'un propriétaire lui confiera un capital de quelque importance et ne se réservera pas la direction et la surveillance de son emploi? Non, mille fois, non! Puis, quand deux personnes doivent faire une chose quelconque, il faut bien qu'il y ait une volonté qui l'emporte sur l'autre; autrement, on resterait souvent sans rien décider et l'entreprise en souffrirait. Maintenant, le colon peut-il donner la direction? Après tout ce qui précède, cette question ne souffre même pas d'examen. Dès lors le métayer devra, pendant bien des années encore, occuper un rang subalterne; mais, par tous les moyens en son pouvoir, le propriétaire devra l'amener, le plus vite possible, à y prendre la position qui lui appartient. Il est indispensable que ce dernier s'applique à relever son colon à ses propres yeux, à lui-même, d'abord; puis aux yeux de ses ouvriers et de tous ceux qui l'entourent. Cette tâche est, peut-être, la plus lourde de toutes celles qu'impose une entreprise de métayage moderne; sans contredit, c'est la plus belle.

Le propriétaire-initiateur devra donc s'imposer l'obligation de traiter toujours ses colons comme ses associés et jamais comme des domestiques. En adoptant cette ligne de conduite, il trouvera, en outre, l'immense avantage de leur inspirer des sentiments de gratitude qui, tôt ou tard, amèneront la confiance indispensable à toute opération de ce genre. Alors, les bienfaits auront définitivement vaincu la routine.

Dans son livre intitulé : *Excursions agricoles en 1866*[1], M. le comte de Gourcy a inséré, comme pièces annexes, deux lettres de M. Charles de Léobardy sur sa terre du Vignaud, composée de onze métairies.

Tout ce qui ajoute à l'aisance du colon enrichit le propriétaire. Le propriétaire a tout à gagner à avoir des métayers aisés et même riches, dit M. de Léobardy, qui met ces principes en pratique de la manière la plus large. Aussi ses métayers le secondent parfaitement

---

[1] Librairie agricole de la Maison Rustique, rue Jacob, 26.

et ne lui opposent jamais aucune de ces résistances, directes ou passives, dont se plaignent souvent les propriétaires de biens soumis au colonage partiaire. Il change très-rarement de colons ; mais il lui est plus facile de remplacer un métayer sortant qu'un domestique. En effet, la condition du métayage s'est assez relevée chez lui pour être enviée et recherchée par des familles de petits cultivateurs et même de petits propriétaires. De préférence, il choisit des familles suffisamment nombreuses pour cultiver le domaine sans le secours de domestiques et de journaliers ; car ses métayers sont laborieux et font tout ce qu'ils peuvent par eux-mêmes, mais ils n'aiment pas à se charger d'ouvriers étrangers. Pour leur éviter de se trouver dans l'obligation d'avoir recours à leurs services, il n'augmente pas l'importance de ses domaines. Leur étendue actuelle varie entre 25 et 40 hectares.

M. de Léobardy écrit encore que :

1° Dans la limite du possible, il prend tout sur la propriété et n'achète rien ;

2° Tous les étalons sont réunis dans une seule et même métairie. Le colon est obligé de faire saillir gratuitement toutes les vaches et toutes les truies. Pour compenser cette charge, il touche le produit de toutes les saillies des animaux étrangers.

3° Les animaux reçoivent constamment à l'étable une nourriture variée et abondante. Elle se compose de vert pendant la belle saison, de fourrages et de racines pendant l'hiver ;

4° Les métayers fréquentent tous les concours. Ils obtiennent des succès remarquables, même dans les expositions de la région ;

5° Ayant tout fait avec les revenus de la propriété, il a dû marcher lentement lorsqu'il s'est agi d'augmenter et d'améliorer le Cheptel, d'augmenter et de mieux disposer les bâtiments, de drainer les terres et les prés, d'améliorer les chemins d'exploitation, d'acheter des instruments perfectionnés, etc....

Tels sont les principes qui doivent présider à l'organisation et à l'administration d'une entreprise de métayage moderne. Toute l'ambition du *Calendrier du Métayer* serait d'en répandre la connaissance et de contribuer à les faire appliquer.

Encouragé par les succès de M. de Léobardy, le propriétaire ne négligera aucun moyen d'instruire ses métayers, et lui-même redoublera d'efforts pour augmenter constamment la masse de ses connaissances.

MOIS DE MAI[1].

ADMINISTRATION. — **Organiser** la nourriture verte pour le bétail pendant tout l'été. — Lutter avec force contre l'habitude de faire primer les prés.

CULTURE. — *Travaux intérieurs.* Constructions nouvelles. — Réparations aux anciens bâtiments.

    Travaux extérieurs. — Repiquage des betteraves et des choux-vaches ; binages et sarclages des betteraves semées en place, des carottes, des pommes de terre et des topinambours. — Arrangements à prendre avec les colons pour l'exécution de tous ces travaux. — Moyens de réduire la dépense. — Supprimer l'usage de faire des charrois pour des tiers. — Utiliser les loisirs des attelages pour les transports nécessités par les constructions, les nivellements, les assainissements, les marnages et les chaulages.

BÉTAIL. — Précautions et mesures à prendre contre la météorisation. — Saillie des vaches. — Monte des bêtes à laine. — Soins à donner aux mâles et aux femelles. — Mettre les porcs au vert. — Récolter les essaims dans les ruchers.

POTAGER, VERGER, VIGNE, BOIS. — Binages, sarclages et arrosages des légumes. — Pratiquer l'échenillage. — Deuxième façon aux vignes. — Pincer et ébourgeonner. — Écorcement dans les bois taillis.

Au mois de janvier, nous avons proclamé la nécessité de donner constamment des nourritures fraîches au bétail. Nous avons indiqué la succession des plantes qui, aux différentes époques de l'année, pouvaient former la base de cette alimentation. Nous avons déjà commencé à signaler, au fur et à mesure que le moment d'y penser est venu, les mesures les plus propres à assurer, pendant toute l'année, le service de ces nourritures fraîches. Nous continuerons à

[1] Ce mois a été publié dans le *Journal d'agriculture pratique*, n° du 2 mai 1867, page 593.

donner successivement des indications analogues. C'est dans le mois de mai qu'il faut songer à organiser la nourriture en vert du bétail jusqu'aux premières gelées. Que le métayer soit encore à ses débuts, ou qu'il soit, depuis longtemps déjà, à la tête de l'exploitation, il s'agit d'une innovation énorme à introduire dans ses habitudes. Il ne faut pas se le dissimuler non plus, ces méthodes perfectionnées, quand même elles ne seraient pratiquées que sur une petite échelle, exigeront de leur part un surcroît de dépenses, de soins et de travail. Le propriétaire en profitera largement. Il ne serait pas juste qu'il n'y contribuât pas dans une certaine proportion. Une minime subvention, quelques journées d'ouvrier feront un véritable plaisir au paysan et le décideront à essayer, au moins, de toutes ces innovations.

Il existe, dans les pays de métayage, une coutume déplorable contre laquelle on devra lutter de toute son énergie. Les colons ne rentrent guère, pour toutes provisions d'hiver, que le produit de la coupe des prairies naturelles. Les trèfles, les luzernes, etc., sont à peine connus d'eux. A la fin de l'hiver, les fenils sont vides, et il faut empêcher le bétail de mourir de faim. C'est alors que, de temps immémorial, les bêtes à cornes sont envoyées dans les prés et y restent jusqu'au milieu du mois de mai, quelquefois même encore plus tard. C'est ce qui s'appelle faire *primer les prés.* Il n'est pas nécessaire d'insister beaucoup pour faire comprendre que, dans cette circonstance, on donne son blé à manger en herbe. Sous tous les rapports, c'est une détestable opération. Toujours amoureux des anciennes coutumes que ses pères lui ont transmises, le colon ne manquera pas de trouver les meilleures raisons pour continuer à faire consommer ainsi les premières herbes. Le propriétaire doit toujours tenir compte des observations de ses métayers, parce qu'elles ont souvent un côté juste, dicté par la pratique de plusieurs générations ; mais, dans cette circonstance, il doit rester ferme et convaincu. Dans certains cas, bien rares malheureusement, l'herbe pousse avec tant de vigueur qu'elle risque de verser et de pourrir. On doit alors la faucher et la faire consommer à l'étable. Si l'on abandonnait la prairie aux bestiaux, ils en gaspilleraient la majeure partie.

Cette habitude de faire primer les prés n'est pas aussi facile à modifier qu'on pourrait le croire. Le meilleur moyen consisterait certainement à faire emmagasiner une grande quantité d'aliments d'hiver, et à faire préparer beaucoup de fourrages destinés à la consommation des derniers jours d'avril et des premiers du mois de

4.

mai. Placé dans des conditions d'abondance relative, le métayer ne songera plus à envoyer ses bestiaux au dehors, et un pas immense sera fait le jour où ce résultat sera obtenu par de semblables procédés.

En effet, mieux nourris, les bestiaux seront meilleurs, et ils donneront plus de profits. Nourris à l'étable, ils produiront beaucoup de fumier. Ces engrais répandus au moins sur la même surface, s'il n'est pas possible d'obtenir une réduction des emblavures de céréales, augmenteront le rendement des blés, la passion malheureuse de tous les paysans français. Dès lors, le propriétaire aura une plus grosse somme à remettre à son métayer ; ce sera la meilleure de toutes les manières de le convertir.

Frappés de l'importance de ces résultats, des esprits impatients pourront songer à y arriver très-vite. Trop de précipitation nuirait certainement à l'entreprise. *Avec des colons partiaires, le temps est le grand élément de succès;* voilà un principe qu'il ne faut jamais oublier, sous peine de tout compromettre, particulièrement dans les débuts. Plus que tous les autres agriculteurs, le propriétaire qui entreprend d'améliorer une propriété soumise au métayage doit avoir pour devise : *Patience, Persévérance et Philosophie.* Au bout de quelques années, il sera étonné lui-même du chemin parcouru et du bien qu'il aura fait autour de lui. La simple constatation de ces faits sera, pour lui, une grande consolation de tous ses déboires, les lui fera oublier et le retrempera pour le préparer à affronter de nouvelles difficultés.

Dès le commencement du mois de mai, le propriétaire ami du progrès et soigneux de ses intérêts, devra donc se préoccuper des mesures à prendre pour que, durant tout l'été, le bétail ne manque jamais de fourrages verts, s'il est parvenu à faire adopter complètement ce mode d'alimentation. Sous nos climats extrêmes du centre de la France, il faut les soins les plus minutieux pour y réussir. En faisant, de bonne heure, une première coupe de luzerne, on se réservera un en-cas précieux qui pourra être transformé en foin, s'il n'est pas nécessaire de l'utiliser.

La nourriture au vert organisée, il faut songer aux repiquages de betteraves et de choux-vaches semés en pépinières dans le courant du mois de mars précédent, ainsi qu'aux binages et aux sarclages des plantes semées en place.

Les métayers consentent volontiers à payer de leurs personnes ; mais ils ne délient pas volontiers les cordons de leur bourse. Connaissant cette disposition, le propriétaire a eu la précaution de leur imposer l'obligation de donner les binages à la houe à cheval, et il s'est réservé le soin de faire opérer toutes les façons à la main ; ou bien, il a pris l'engagement de payer une indemnité par 1,000 kilogrammes de racines récoltées. Comme un rendement 30,000 de kilogrammes par hectare est très-satisfaisant pour une culture de métayers ; comme nos ouvriers du centre de la France se font payer à raison de 64 fr., pour biner 2 fois et éclaircir un hectare, il m'a semblé juste et équitable de fixer cette indemnité à 2 fr. par 1,000 kilogr. Pour vérifier les quantités rentrées et pour aider aux travaux que cette récolte exige, un ouvrier, représentant le propriétaire, est indispensable. Ses journées seront à la charge de ce dernier ; le colon n'aura qu'à le nourrir.

Toutes ces allocations entraînent évidemment à des dépenses considérables. Mais il y aurait une criante injustice à vouloir imposer aux colons tous les frais d'une culture de betteraves, et à prétendre ensuite à la moitié des bénéfices qui en seront la conséquence. Toutefois je crois qu'il est convenable de limiter, à l'avance, ces dépenses à un certain chiffre.

Le mois précédent [1], nous avons indiqué certains procédés dont l'adoption les réduirait dans une forte proportion. Nous avons, en même temps, reconnu qu'il n'était pas toujours facile de faire adopter ces nouvelles méthodes par les métayers. A force de soins et de patience, on y parviendra ; c'est un apprentissage à leur faire faire. Le jour où l'on aura réussi, un grand succès aura été obtenu et l'on en éprouvera une très-grande satisfaction. Cette partie de la tâche du propriétaire-initiateur sera singulièrement facilitée, s'il ne l'entreprend pas seul ; si un certain nombre de ses voisins font les mêmes efforts.

Pour les choux-vaches, le propriétaire les fera mettre en place, arroser, si c'est nécessaire, et biner quand le moment sera venu. Le colon donnera toutes les autres façons ; il fera cueillir et consommer les feuilles. Des règles analogues s'appliqueront au repiquage des betteraves.

En un mot, le propriétaire doit prendre à sa charge les dépenses qu'entraîneront les travaux exécutés, soit à la journée, soit à la tâche, par des ouvriers extraordinaires. Le métayer exécutera tous les autres. A ces conditions, un bien petit nombre refusera de cultiver les plantes sarclées, qui font aujourd'hui la base de toute culture améliorante.

[1] Voir mois d'avril, page 35.

Mais, ces travaux ne seront pas une suffisante occupation pour les animaux de travail.

Les métayers recherchaient autrefois l'occasion de faire, pour le compte de tiers, des travaux qui leur étaient payés à eux seuls, tout naturellement. Cet usage tend à disparaître ; mais partout où il existe encore, il doit être combattu à outrance. Entreprendre des charrois enrichit peut-être le compte des attelages ; mais l'opération fatigue les bêtes de trait, et porte le préjudice le plus grave à l'exploitation tout entière. N'est-il pas nécessaire de réparer par quelque repos les forces que les chevaux ou les bœufs ont dépensées lors des semailles du printemps, et de leur en faire prendre de nouvelles pour les préparer aux rudes travaux soit des fenaisons, soit des moissons.

D'ailleurs, dans toute propriété qui s'installe, et cette période-là est bien longue, lorsqu'il s'agit de colonage partiaire, il y a toujours à opérer des transports considérables. Il faut donc profiter des loisirs que laisse la culture proprement dite pour songer aux constructions, aux nivellements, aux assainissements, aux marnages et aux chaulages.

Dans toute association du propriétaire et de son colon, les améliorations foncières doivent évidemment rester à la charge du premier ; cependant l'équité et l'usage lui permettent d'exiger que le colon y contribue en effectuant les charrois nécessaires.

Plus négligées encore que les propriétés affermées, les exploitations soumises au métayage manquent à peu près de tout. Les constructions sont insuffisantes et mal disposées, les terres n'ont jamais été nivelées ni assainies, les prés sont inondés, les chemins n'existent pas, les terres manquent presque toujours de l'élément calcaire. Il est indispensable de commencer par modifier ce fâcheux état de choses, si l'on veut assurer le succès de l'entreprise. A cet égard, le propriétaire ne doit pas hésiter. Malheureusement, ces travaux exigeront beaucoup de dépenses ; mais il a le temps pour lui, Il lui sera donc possible de ne les exécuter que peu à peu, au fur et à mesure qu'il pourra disposer d'excédants de revenus.

Sous tous les rapports, les mois de mars, d'avril et de mai sont ceux qu'il convient de choisir pour les constructions. Les greniers sont à peu près vides, et les attelages sont moins occupés que jamais, surtout en mai. Tous les baux obligent les métayers à transporter les matériaux. C'est une dépense insensible pour lui et une économie importante pour le propriétaire. Le propriétaire doit se préoccuper, avant tout, de faire ses nouveaux bâtiments sur les meilleurs modèles. A ce point de vue, des progrès considérables ont été réalisés dans ces dernières années ; il n'en coûtera pas plus de s'y conformer, souvent même il y aura économie, car le bon marché est un des grands éléments du problème que l'architecture rurale a dû résoudre depuis trente ans.

L'époque est également très-favorable pour les chaulages et les marnages. Le propriétaire fait généralement charger la marne à ses frais ; le colon l'écarte et la conduit. Quant aux chaulages, certains propriétaires, désireux d'encourager leurs métayers dans la voie du progrès, payent les deux tiers et même la totalité de la chaux ; on ne peut que les approuver hautement. Les métayers vont la chercher, font les travaux préparatoires et la répandent sur le sol.

Pour que ces amendements produisent tout leur effet utile, il est indispensable que les terres aient été préalablement assainies avec le plus grand soin. Pour ces travaux, pour les nivellements toujours si considérables dans une propriété que l'on crée, des règles analogues doivent guider les deux parties en présence. Inutile d'ajouter qu'il ne peut être ici question de drainage. Nous sommes encore loin des riches conditions de culture, où ce moyen puissant mais coûteux d'assainissement est, sans conteste, avantageux. En attendant, à moins de circonstances tout à fait exceptionnelles, des fossés à ciel ouvert suffiront.

C'est également dans ce mois que se sème le chanvre. Cette culture perd beaucoup de l'importance qu'elle a eue dans les métairies jusque dans ces dernières années. Autrefois, toutes les femmes filaient et faisaient ensuite fabriquer leur toile par le tisserand que possédait le moindre village. A une époque où les communications étaient difficiles, pour ne pas dire impossibles, où le commerce n'était pas organisé dans les campagnes, le colon tenait à récolter sur son domaine tout ce qui était nécessaire à ses besoins ; mais, aujourd'hui, les choses se sont singulièrement modifiées, et, je le répète, les métairies où l'on cultive encore le chanvre forment la grande exception. C'est fort heureux, car c'est un grand élément de discorde de moins.

En effet, le propriétaire doit se montrer très-sévère pour empêcher son colon de se livrer à des cultures et à des travaux qui ne profitent qu'à lui seul. Il n'en doit pas moins admettre quelques exceptions : or, j'en ai vu qui étaient préoccupés, outre mesure, de ce que leur métayer avait employé plus ou moins de fumier au profit de la chénevière. A mon avis, ils auraient mieux agi en fermant les yeux sur cette infraction, qui ne pouvait avoir aucun inconvénient grave, et qui était de nature à faire assez de plaisir au colon pour le décider à entreprendre des améliorations plus sérieuses. Ces améliorations auraient certainement été beaucoup plus utiles à la propriété qu'une récolte de chanvre, forcément restreinte, ne lui aurait causé de mal.

Enfin, il convient de ne pas oublier que les vesces de printemps semées tardivement doivent être plâtrées, ainsi que les luzernes coupées de bonne heure pour la nourriture en vert du bétail.

Bétail. — Nous avons constaté que, durant le mois de mai, la grande tâche du cultivateur consistait à organiser la nourriture en vert de son bétail pour toute la saison d'été qui commence. Que cette nourriture soit consommée à l'étable ou au pâturage, les animaux n'en sont pas moins exposés à la météorisation, toutes les fois qu'ils consomment du trèfle ou de la luzerne. Le *Journal d'agriculture pratique*, année 1857, t. VII, pages 21, 139 et 316, décrit plusieurs moyens propres à combattre ces accidents toujours graves.

Dans toutes les métairies, le lait est une précieuse ressource. Quand la ferme est située aux environs d'une ville, la ménagère en tire un parti considérable. Elle fabrique du beurre, qu'elle vend frais à des prix très-avantageux ; elle conserve le fromage pour la consommation du ménage, et elle nourrit les porcelets avec le petit lait. Comme le beurre atteint les prix les plus élevés à la fin de l'hiver et dans les premiers jours du printemps, alors que les provisions sont épuisées et que l'on ne dispose pas de nouvelles herbes, il convient de faire, autant que possible, naître les veaux vers le mois de février. Pour cela, il faut que les vaches soient saillies à l'époque de l'année qui nous occupe.

Lorsque les vaches vont au pâturage avec le taureau, on n'a pas à craindre que le temps de la chaleur se passe sans qu'elles soient saillies. Malgré cet avantage incontestable, l'agriculture avancée a, depuis longtemps, adopté la stabulation permanente. Dans ces conditions, ces soins exigent beaucoup d'attention de la part du vacher.

Comme la chaleur dure peu de temps, souvent moins de vingt-quatre heures, comme elle ne revient ordinairement qu'au bout de vingt jours environ, on ne doit mettre aucune négligence à donner le taureau aussitôt qu'on s'en aperçoit.

Dans certains pays de métayage, l'élevage des bêtes à laine est pratiquée sur une grande échelle, et les agneaux sont vendus à l'âge d'environ dix mois à d'autres cultivateurs qui ne font que les entretenir pendant l'hiver. Les colons trouvent alors qu'il y a avantage à les faire naître de bonne heure, de façon que les mères trouvent encore de l'herbe à pâturer pendant la première période de l'allaitement. Pour atteindre ce résultat, la monte des brebis doit également s'effectuer en mai. Cette opération sera, si elle réussit bien, la richesse de l'année suivante. Pour qu'elle s'effectue avec un plein succès, il faut que les béliers et les brebis soient, à l'avance, en bon état et bien nourris pendant tout le temps qu'elle durera. Une ration d'avoine est particulièrement nécessaire aux béliers. Il fut un temps où les métayers auraient repoussé avec force une semblable proposition. Pour faire réussir la monte, ils préféraient avoir recours à des drogues et autres recettes empiriques. Aujourd'hui, ils commencent à prendre eux-mêmes l'initiative de cette utile mesure. Ils avaient encore la détestable coutume de laisser constamment les béliers avec les brebis. Ils ne les séparaient jamais, même lorsque ces dernières allaient aux champs. Les pauvres béliers ne tardaient pas à être efflanqués. Comment s'étonner dès lors du nombre considérable des nonvaleurs. Je suis heureux d'avoir à constater ici que tous les jours ils repoussent cette vieille routine, et ils la remplacent par des méthodes de plus en plus perfectionnées.

Il est actuellement indispensable de séparer les jeunes agneauxbéliers des femelles, quand l'agnelage a eu lieu de la Toussaint à Noël. L'instinct sexuel se révèle parfois, dès cette époque, chez ces jeunes animaux, et ces manifestations prématurées leur sont très-nuisibles.

Les porcs sont également mis au vert. Le trèfle et la luzerne sont substitués, avec grand avantage, aux pommes de terre et aux racines cuites. Ces animaux se trouvent parfaitement de cette nourriture, qui, donnée dans les loges, leur convient mieux, sous tous les rapports, que le pâturage. Beaucoup de métayers ne sont pas de cet avis; mais, en les contraignant à mettre en usage cette excellente pratique, on ne tardera pas à les convaincre.

Les jeunes volailles réclament tous les soins de la fermière. Pour peu qu'on la laisse faire, elle en multipliera le nombre dans une effrayante proportion. Le propriétaire doit tenir la main à ce qu'elle se renferme dans une limite raisonnable.

Entraîné par le désir de récolter sur leur domaine tout ce qui peut y être produit, les métayers entretiennent volontiers un rucher plus ou moins considérable. Il n'y a aucun inconvénient à les laisser donner leurs soins à leurs abeilles. Le miel est une denrée de consommation des plus saines. Les enfants le recherchent et l'apprécient beaucoup comme friandise. Dans la plupart des maladies, il remplace, avec avantage, le sucre dans les tisanes. Le vétérinaire, de son côté, en prescrira fréquemment l'usage.

Le mois de mai sera consacré à récolter les essaims et à ravitailler les ruches faibles.

Potager. — Verger. — Vigne. — Pendant le mois de mai, le potager exige des soins assidus et incessants, car la saison des binages, des sarclages et des arrosages est arrivée. La moindre négligence compromettrait des récoltes qui feront, plus tard, l'aisance de l'exploitation. Il ne faut pas manquer de planter un tuteur auprès de chaque porte-graine mis en place en février, ou en mars. On y attache les tiges pour éviter que le vent ne les renverse ou ne les brise.

Dans le verger, il faut songer à l'échenillage, s'il n'a pas encore été effectué. Il faut également supprimer sur les arbres fruitiers de plein vent les pousses inférieures à la greffe, au fur et à mesure qu'elles se montrent.

On met en place les échalas indispensables pour obtenir un bon produit de la vigne. Vers la fin du mois, on donne la seconde façon. Quand la vigne a été disposée à cet effet, on peut, avec une très-grande économie, exécuter les labours et les hersages au moyen des instruments attelés : charrue, herse et houe à cheval. Enfin, on pince, on ébourgeonne et on exécute, vers la fin de ce mois, le premier soufrage dès qu'on soupçonne les vignes attaquées par l'oïdium tuckéri.

Dans les bois taillis, on continue à écorcer les chênes pour obtenir le tan. Cette opération de l'écorsage cause certainement un préjudice sérieux aux souches; mais, elle procure une différence de prix tellement considérable qu'il n'y a pas à hésiter. Seulement, un propriétaire, soigneux de ses intérêts, devra dépenser une partie de cette augmentation de prix en travaux d'amélioration.

Après les mois de mars et d'avril, durant lesquels le cultivateur a été obligé de se multiplier, le mois de mai est relativement une époque de loisir. Le propriétaire doit en profiter pour conduire ses colons dans les concours régionaux et départementaux. Dans ces grandes comme dans ces petites assises de l'agriculture, tous trouvent à apprendre. C'est une dépense, sans doute, mais c'est de l'argent placé à de gros intérêts. Dans beaucoup de pays, les métayers ont la malheureuse coutume d'aller à toutes les foires des environs. Or, Dieu sait si elles sont nombreuses ! Il faut lutter de toute son énergie pour modifier ces habitudes. Dans les concours, le colon ne peut que gagner ; dans les foires, il se démoralise et se ruine. On peut, pour ainsi dire, juger de l'aisance générale d'une contrée en connaissant la fréquence des foires et l'avidité avec laquelle les populations y courent.

Le propriétaire-améliorateur doit également se préoccuper de l'avenir. Il ne doit pas négliger de développer l'intelligence des enfants de ses colons. Ils ont, aujourd'hui, toutes les facilités pour recevoir l'instruction primaire. Aussitôt qu'ils ont atteint un certain âge, il doit les emmener avec leur père dans les concours. Ils s'y familiariseront avec les instruments nouveaux et avec les animaux perfectionnés. J'ai eu quelquefois l'occasion de voir de jeunes paysans dans des réunions semblables. J'ai toujours été très-étonné de les entendre porter des jugements si sains sur tout ce qu'ils voyaient. Je voudrais qu'ils pussent voyager comme les ouvriers de l'industrie ; je suis convaincu qu'on obtiendrait des résultats immenses en les envoyant passer plusieurs mois successivement dans quelques-unes de nos fermes les plus renommées. Il serait bon encore de leur mettre entre les mains de petits traités d'agriculture qui leur confirmeraient et expliqueraient théoriquement tout ce qu'ils auraient vu dans les expositions.

Dans tous ses rapports avec ses métayers, le propriétaire se montrera toujours animé d'un grand esprit de justice. Une extrême loyauté présidera à tous ses actes; il sera armé d'une persévérance et d'une patience à toutes épreuves; mais, au besoin, il devra savoir se montrer sévère et même énergique. De son côté, le colon ne devra jamais faillir aux sentiments de l'honnêteté la plus scrupuleuse.

Quand ces règles si simples auront été franchement adoptées par les deux parties intéressées, la confiance, que nous avons reconnue indispensable au succès de l'entreprise, sera définitivement établie et un progrès immense aura été accompli. En effet, dans le métayage moderne, les intérêts sont communs; les deux parties sont solidaires; et, cependant, elles ont à jouer les rôles les plus différents. Ainsi, pour ne parler que d'un point spécial, nous constaterons que, d'une part, le colon emmagasine toutes les denrées en nature; il en est le gardien et le dispensateur; il touche le produit des ventes et il doit le remettre au propriétaire. D'autres parts, ce dernier tient tous les comptes en espèces. Si l'un des deux a des raisons graves de se croire victime des fraudes de l'autre, c'est, on l'a dit, un véritable enfer. Il me semble inutile d'insister davantage pour justifier l'importance que j'attache à ce que les deux parties s'inspirent réciproquement la plus entière confiance.

Sur ce point comme sur tous les autres, nous arriverons, comme conclusion, à proclamer la nécessité impérieuse de répandre l'instruction parmi les colons et leurs familles. Je continuerai donc à indiquer les lectures comme le meilleur emploi des heures de repos et de loisir. Des lectures, ainsi que les excursions et les visites que nous avons recommandées, ne seront pas moins fructueuses pour le propriétaire.

Ouvrages à lire et à consulter.

PENDANT LE MOIS DE MAI

PAR LE PROPRIÉTAIRE.	PAR LE MÉTAYER.
Les traités sur les amendements, par M. A. Puvis.	Notice sur les chaulages de la Mayenne, par M. E. Jamet.

MOIS DE JUIN[1].

ADMINISTRATION. — Mesures à prendre dans les années où le propriétaire a dû changer de métayer. — Procéder, le 30 juin, à l'inventaire et à la clôture des écritures.

CULTURES. — *Travaux extérieurs.* Fenaison des prairies naturelles et artificielles. — Nécessité de faire l'éducation des métayers pour cet important travail. Les familiariser de suite avec l'usage du râteau à cheval, de la faneuse et de la faucheuse. — Arrangements à prendre avec eux pour que le Propriétaire prenne sa part des frais exigés par la production des fourrages artificiels. — Conservation des fourrages en meules.

Binages et sarclages. — Labourer la jachère. — Usage fréquent et répété de la herse, du rouleau et du scarificateur. — Imposer l'emploi du buttoir et de la houe à cheval. — Conduire le fumier au fur et à mesure de sa production et l'enterrer immédiatement. Confection d'un rayonneur.

Semailles du sarrasin, des navets et du maïs à couper en vert. Utilité des fourrages verts ; récolter la graine de trèfle incarnat. Emploi des fumures vertes.

BÉTAIL. — Précautions pour empêcher les animaux et les attelages, en particulier, de souffrir soit de la chaleur, soit des mouches. — Soins à donner à la laiterie pendant les grandes chaleurs. — Tonte des bêtes à laine. — Inspection des troupeaux. — Inventaire des cheptels. — Gratifications aux bergers. — Entretenir les porcs dans la fraîcheur et dans un état parfait de propreté. — Préserver les récoltes des dévastations de la volaille.

POTAGER, VERGER, VIGNE, BOIS. — Les binages, les sarclages et les arrosages sont plus utiles que jamais. — Récolte de l'ail et des échalotes. — Consommation des salades, des choux, etc. — Les cerisiers, les groseilliers fournissent les premiers fruits frais. — Palissage des treilles installées le long des bâtiments. — Troisième façon aux vignes. — Rognage. — Deuxième soufrage.

Nous avons eu l'occasion de constater que, dans certains pays de métayage, les colons entrants prenaient le 24 juin possession des

[1] Ce mois a été publié dans le *Journal d'agriculture pratique,* numéro du 30 mai 1867, page 729.

cheptels à moitié, des pailles et des fumiers. C'est donc pendant le mois qui va nous occuper qu'aura lieu l'estimation de toutes ces valeurs. Comme elles représentent la principale portion de l'entrain de la ferme, le métayer, qui part, ne demande qu'à en grossir la valeur, n'importe par quels moyens. Comme c'est le dernier acte qui précède sa sortie définitive, il cherche, en général, à témoigner sa mauvaise humeur, en créant toutes les difficultés possibles. Celui qui entre, fait, de son côté, tous ses efforts pour réduire la somme qu'il aura à lui remettre à la suite de l'estimation. D'autre part, beaucoup d'experts comprennent fort mal leur mission. Au lieu de se considérer comme des juges qui ont, sans se préoccuper en aucune façon de la partie qu'ils représentent et en n'écoutant que leur conscience, à rendre une décision impartiale, il arrive trop souvent qu'ils ne pensent qu'à flatter leurs clients, en ayant les prétentions les plus exagérées.

Ces tiraillements sont déplorables; ils entraînent des retards au moins inutiles. Tout en souffre, les cultures comme les bestiaux. Pour éviter ces inconvénients, qui sont sérieux, le propriétaire n'a qu'à faire exiger par son nouveau métayer la nomination immédiate d'un tiers-expert. En faisant signer, à l'avance, aux deux parties l'engagement de s'en rapporter à la décision du tribunal ainsi constitué, le propriétaire ne s'évitera pas les longueurs inhérentes à une semblable opération, mais au moins, il n'aura pas à subir les ennuis qu'entraînent les difficultés de ce genre.

Ces mesures ne concernent que des situations exceptionnelles, et fort heureusement très-rares. Quoi qu'il en soit, le mois de juin est l'époque de la fenaison et le moment où il faut songer à tout préparer pour les rudes labeurs de la moisson.

Depuis le commencement de l'année agricole, le cultivateur a toujours fait des avances au sol; avec le mois de juin, il va commencer à recueillir les fruits de ses fatigues et de ses dépenses. Il doit donc profiter des premiers jours, qui relativement sont encore des jours de loisir, pour mettre en ordre les granges, les greniers et les fenils. Il doit également se munir des outils, des instruments et des bras dont il va avoir besoin. C'est aussi un moment très-propice pour acquitter ses prestations en nature et pour terminer bien vite les dernières réparations, à plus forte raison les constructions neuves. Ajoutez-à cela les quelques petits travaux qui restent à achever et les fenaisons seront bientôt arrivées.

Les métayers ont, depuis longtemps, l'habitude de préparer le foin des prés naturels; ils n'ont, à ce sujet, rien à apprendre. Il n'en est pas de même, lorsqu'il s'agit de dessécher les produits d'une prairie artificielle. Dans le trèfle, la luzerne, le sainfoin, les vesces et les gesses, les feuilles constituent la partie nutritive; tous les efforts doivent donc tendre à en perdre le moins possible. On y arrive, quand le temps le permet, à force de soins, de précautions et d'attention. Dans cette circonstance, le propriétaire ne doit pas hésiter à intervenir. Ses colons ne peuvent pas inventer les nouvelles pratiques nécessaires pour obtenir de bon fourrage. Il leur a appris, trop souvent, il les a forcés à semer des légumineuses; sa tâche ne serait pas complétement remplie, s'il ne leur enseignait pas, ensuite, la manière de tirer un bon parti de la récolte.

Il est probable qu'il faudra un certain nombre d'années pour que les râteaux à cheval, les faneuses, et, surtout, les faucheuses, deviennent d'un usage général parmi nos paysans. Le propriétaire n'en devra pas moins rechercher toutes les occasions de les familiariser avec ces machines. Elles ne tarderont probablement pas à s'imposer dans toutes nos campagnes, par suite du prix de plus en plus élevé des salaires et de la rareté des bras. Il a fallu vingt ans pour que les machines à battre envahissent tous les domaines; les machines destinées à opérer les fenaisons et les moissons y pénétreront plus vite. Naturellement, les propriétaires-améliorateurs devront se mettre à la tête du mouvement. Ils ne sauraient commencer trop tôt.

Les métayers croient, et ils ne sont pas les seuls, qu'il y a avantage à retarder les fauchages. Ils pensent qu'ils augmentent ainsi la quantité de fourrage. Il faut absolument leur persuader qu'il est temps de faucher lorsque les plantes sont en pleine fleur, et que, laisser passer cette époque, c'est vouloir récolter de la paille au lieu de rentrer du foin. En fauchant de bonne heure, on obtient un fourrage de meilleure qualité, et, débarrassé plus tôt de la fenaison, on se trouve libre d'effectuer promptement la récolte des céréales.

L'objet constant de leurs préoccupations sera d'exécuter tous les travaux de la fenaison avec leurs enfants et leurs ouvriers à l'année. Trop souvent même, ils voudront opérer toutes les fauchailles avec ces seules ressources. Dans les deux hypothèses, l'entreprise sera au-dessus de leurs forces, du moment surtout que les cultures fourragères auront pris une certaine importance dans leur exploitation. Or, en pareille circonstance, le succès dépend essentiellement de l'opportunité du moment et de la promptitude de l'exécution. Pour lutter contre cette tendance fâcheuse; pour donner l'exemple, le propriétaire fera bien de mettre à la disposition de son colon un ouvrier que ce dernier nourrira. Cet ouvrier pourra, d'ailleurs, jouer un rôle utile.

En effet, lorsque l'on veut couvrir de trèfle, de luzerne et, surtout, de vesces et de gesses une certaine étendue de terrain, il faudra faire, chaque année, une dépense de graines qui ne laissera pas que d'être considérable. Il entre très-bien dans les goûts, dans les idées et dans les habitudes des métayers de récolter eux-mêmes toutes ces semences ; il n'y a rien de mieux à faire qu'à y consentir. Mais, alors, le propriétaire, qui doit la moitié de la dépense, ne participera pas à ces frais. Or, ces frais seront considérables. En semblable occurrence, j'ai donné à mes colons : 1° une allocation de 6 fr. par mille kilogr. de fourrages récoltés ; 2° un certain nombre de journées d'un homme qu'ils nourrissent. C'est un arrangement analogue à celui que j'ai indiqué pour les betteraves. (Voir mois de mai, page. 64.) Dans les deux cas, l'ouvrier aide aux travaux, se met en mesure de me rendre un compte exact des quantités rentrées, en les vérifiant avec soin. Bien entendu, pour les fourrages comme pour les racines, j'ai fixé une limite à mes sacrifices. Quelques personnes ont trouvé que j'étais trop large. Cette observation, sans être tout à fait juste, mérite d'être prise en considération. Cependant, je dois faire remarquer que, moyennant les dépenses peu élevées que je viens d'indiquer et le loyer du terrain, j'obtiens mille kilogr. de fourrages de plus. La part de mon associé n'est-elle pas plus considérable que la mienne ? Ne sont-ils pas à sa charge tous les travaux qu'il faut exécuter pour faire ensemencer, récolter, emmagasiner et consommer ?

Toutes les fois que le métayer fera exécuter les fauchailles par des ouvriers dont il ne sera pas très-sûr, il sera indispensable d'exercer la surveillance la plus minutieuse et d'exiger qu'ils coupent l'herbe le plus près possible de terre. On sait, en effet, que les premiers centimètres fournissent le plus comme qualité et comme quantité.

Dans la Vendée, les cultivateurs ont l'habitude d'entasser en meules et en plein air les fourrages et les pailles. C'est une coutume qu'il faut bien se garder de laisser perdre dans les localités où elle existe et qu'il faut s'efforcer d'introduire partout où elle est inconnue. Cet usage est précieux pour le propriétaire, qui n'est pas obligé de commencer par débourser de grosses sommes pour construire des fenils, des granges et des greniers. Il lui est, alors, permis de consacrer toutes ses ressources à des améliorations dont les résultats se produiront beaucoup plus vite. Il a, d'ailleurs, tant à faire qu'il a besoin de toutes ses forces. Bien entendu, il suffit, au fur et à mesure des besoins, de découvrir une portion de ces meules et de couper avec un couteau spécial la quantité nécessaire. On peut enlever ces denrées simplement en vrac, ou bien, les lier en petites bottes cubiques de 5 ou de 10 kilogrammes.

Le travail de la fenaison, qui est, sans contredit, le principal du mois, ne doit pas faire négliger les façons aux jachères, les binages et les sarclages, les derniers ensemencements de la saison. Il convient d'utiliser les attelages libres pour achever les chaulages et les marnages des terres en jachère, pour conduire les fumiers disponibles et pour terminer les premiers labours, quand l'usage de les commencer dans le mois de mai seulement n'a pas encore été remplacé par la pratique infiniment meilleure des façons d'hiver. Après chaque labour, il faut toujours donner un vigoureux coup de herse et de rouleau. Déjà, nous avons eu l'occasion de constater que les colons ne faisaient pas un usage suffisant de ces instruments, même quand ils les employaient. On doit donc veiller, avec soin, à ce que ces façons soient exécutées dans les meilleures conditions. En les répétant toutes les fois que le besoin s'en fera sentir, on fera germer les graines de mauvaises herbes; on nettoiera parfaitement le terrain et l'on empêchera le sol de se prendre de sécheresse. Ce reproche ne s'adresse pas seulement aux métayers. En général, on ne fait pas en France, même dans les pays où l'agriculture est le plus avancée, un usage assez répété de la herse, du rouleau et surtout du scarificateur. Quand une fois le sol a été convenablement remué par la charrue, le scarificateur produit les meilleurs effets et permet de réaliser dans les façons de sérieuses économies. Encore une fois, les services de ce précieux instrument ne sont pas assez appréciés par la plupart des cultivateurs.

C'est encore une excellente pratique que celle qui consiste à conduire les fumiers au fur et à mesure de leur production dans les sols qui ne sont pas trop perméables ou en pente et à les enterrer de suite. Tous les efforts d'un propriétaire, ami du progrès, doivent tendre à rendre ces méthodes usuelles dans ses métairies. Pour que les plantes sarclées fournissent des rendements convenables, il faut leur donner des binages et des sarclages réitérés. Comme toutes les plantes ont dû être cultivées en lignes, on emploie la houe à cheval. La binette à bras sert à sarcler entre les plantes dans les lignes. On peut

faire passer le buttoir dans les pommes de terre, dans les topinambours et dans le maïs pour graines.

Quand les métayers auront pu se rendre compte de l'utilité de ces
instruments, ils n'hésiteront pas à contribuer pour partie ou totalité,
suivant les circonstances, aux frais d'acquisition. En attendant, aux
débuts surtout, le propriétaire ne doit pas hésiter; il doit prendre
cette dépense à sa charge et s'estimer encore très-heureux, si ses colons acceptent cette introduction sans trop de difficultés. Longtemps
encore, ses avances seront plus d'une fois accueillies par un refus
pur et simple.

Quant aux semailles, il n'y a plus à s'occuper que du sarrasin et
des navets. Car, nous sommes loin du temps où nous pourrons songer aux plantes industrielles dont les graines sont, pendant le mois de
juin, confiées au sol.

Le sarrasin, ou, pour parler le langage des métayers, le blé noir
peut être cultivé soit pour en récolter le grain, soit comme fourrage,
soit comme fumure verte destinée à être enfouie. Les paysans entendent très-bien sa culture; mais, ils ne l'ont jamais utilisé comme
fourrage et comme engrais vert. A propos de sa culture proprement
dite, je me bornerai donc à rappeler que le trèfle, la luzerne et le
sainfoin peuvent être semés dans le sarrasin et qu'ils y sont généralement d'une réussite plus assurée que dans toute autre céréale.

Les fumures vertes ne sont ni convenablement appréciées, ni
d'un usage assez général. Elles conviennent, surtout, dans une culture de métayers. Ils tiennent, en effet, à ne pas débourser d'argent
pour acheter des engrais artificiels; ils ne comptent guère le travail
des hommes et des attelages; enfin, ils laissent et laisseront longtemps
encore de grandes étendues sans culture : or, voilà précisément les
conditions dans lesquelles les fumures vertes sont surtout avantageuses. En pareil cas, le colza d'été conviendrait également très-
bien.

Enfoui au moment où il est en fleur, le sarrasin produit les effets
les meilleurs et les plus puissants, quand il a accompli, avec un plein
succès, toutes les phases de sa végétation. Dans les mêmes conditions, le bétail l'apprécie fort, et il offre cet avantage qu'il est bon à
faire consommer à l'arrière-saison, c'est-à-dire à une époque où le
vert devient rare. On doit d'autant moins hésiter à recommander
d'utiliser cette plante à ces différents usages que le prix de la semence est peu élevé. Cette alimentation semble ne pas convenir

aussi bien aux moutons. C'est une précieuse ressource de moins pour les pays pauvres dont la grande spéculation porte sur les bêtes à laine.

Si le sarrasin est la providence des terres siliceuses et privées de calcaires ; le navet est aussi, dans certaines conditions, une plante des plus précieuses. Dans la Creuse et la Haute-Vienne, par exemple, la rave du Limousin, cultivée en culture principale ou en culture dérobée, peut être la base d'améliorations considérables. Dans les autres localités, elle sera toujours une ressource importante, quand elle pourra réussir, après une céréale ; elle permettra de ne pas entamer tout de suite la provision de betteraves.

Enfin, on achèvera la transplantation des choux-vaches et des betteraves. A ce sujet, je donnerai une indication qui me semble bien avoir son intérêt et que j'ai omise le mois précédent. Que ces plantes soient semées en place ou transplantées, un rayonneur sera nécessaire. J'ai vu des propriétaires bien embarrassés pour en procurer un à leurs métayers. Cependant, rien n'est plus facile et plus économique. Il suffit d'une ou deux journées du premier charron venu et de quelques morceaux de bois, pour ainsi dire, sans valeur. Comme pièce principale, un soliveau de trois mètres de longueur au maximum et assez fort pour qu'on y puisse percer quelques mortaises. Au milieu, on encastrera une sorte d'âge destiné à reposer sur un avant-train par l'autre extrémité. Dans les mortaises de la partie supérieure, on placera les mancherons ; dans celle de la partie inférieure, on disposera les morceaux de bois taillés en forme de dents de scarificateur qui traceront les lignes. C'est d'une simplicité primitive, et cet instrument ainsi construit rend les mêmes services qu'un rayonneur en fer et du prix le plus élevé.

N'oublions pas de mentionner ici que :

1° La saison est très-favorable pour visiter un domaine, soit que le propriétaire pense à en faire l'acquisition, soit que le colon veuille le louer. L'état des récoltes permettra de juger la fertilité du terrain. Si l'on veut pousser plus loin ses investigations, une seconde visite sera nécessaire à l'automne ou au printemps ;

2° Dans les métairies où l'on préparera les graines fourragères, c'est dans le mois de juin qu'on récoltera celle du trèfle incarnat.

Quelques auteurs sont d'avis de faire l'inventaire au 1er juillet de chaque année, parce qu'à cette époque les granges et les greniers sont vides. Mais, le 30 juin pas plus qu'à toute autre échéance, les comptes ne seront pas complétements clos et prêts à être remplacés par des comptes nouveaux. Les enchevêtrements d'une année sur l'autre sont inévitables.

Comme la comptabilité en nature est des plus simplifiées dans le colonage le plus perfectionné, le propriétaire sera encore plus libre de choisir l'époque qu'il préférera. Ce choix est subordonné à des circonstances si nombreuses et si variées, qu'il n'est pas possible, en les indiquant, de sortir des généralités.

Bétail. — Pendant les grandes chaleurs, les attelages ont à redouter une foule de maladies, dont les refroidissements sont presque toujours l'origine. Il faut, sans aucun doute, entretenir les écuries dans un grand état de propreté et de fraîcheur, mais aussi, il convient d'éviter, à tout prix, les courants d'air. Hommes et bêtes se trouveront encore très-bien d'un changement dans les heures de travail. Il sera bon, en faisant ses nouvelles combinaisons, d'organiser les choses de telle sorte que le milieu de la journée soit consacré à un repos absolu. Rien ne sera plus facile en faisant partir les attelages plus tôt le matin et en les faisant rentrer plus tard le soir.

Il convient également d'éloigner les mouches des animaux en tenant les étables aussi sombres que possible. Dans beaucoup de localités, les métayers ajoutent des caparaçons aux harnais. C'est une excellente habitude à encourager.

On continue la nourriture verte à tout le bétail et l'on apporte la plus grande attention à ce qu'il ne manque jamais d'eau. Quand les travaux pénibles sont arrivés, quand la chaleur est excessive, on rafraîchit les chevaux en leur donnant, au repas de midi, une ration de son frisé au lieu d'avoine.

Ce mois-ci, la laiterie exige des soins tout particuliers. Il faut en chasser les mouches en n'y laissant pas pénétrer la lumière du jour et, à plus forte raison, les rayons du soleil. Une extrême propreté, une bonne aération et une fraîcheur convenable y sont indispensables. Malheureusement, un bien petit nombre de métairies possèdent un local spécial pour la fabrication du beurre et du fromage. Il y a si peu de temps que les vaches fournissent du lait en quantité suffisante pour en fabriquer ! Qu'en auraient fait, d'ailleurs, les malheureuses ménagères ? Elles n'avaient pas de chemins pour aller vendre ces denrées à la ville voisine, et dans beaucoup de localités elles n'en auraient pas trouvé le débit. Aujourd'hui, les conditions dans lesquelles elles se trouvent placées sont bien différentes. Le propriéfaire doit donc donner satisfaction à ces besoins nouveaux en leur établissant une laiterie sur les meilleurs modèles, en leur faisant connaître les ustensiles les plus parfaits et en leur apprenant la manière de s'en servir. Il ne tardera pas à être largement récompensé de ses peines et de ses avances, si son colon a le bonheur d'avoir une femme entendue et soigneuse.

Tous ces soins ont certainement leur importance; mais la tonte est la grosse opération du mois. Il est triste d'avoir à dire que, dans quelques localités, ce sont les femmes qui exécutent ce travail avec leurs ciseaux, et Dieu sait comment elles habillent les pauvres bêtes! Il faut se hâter de faire venir un véritable tondeur, habile à manier des forces et assez intelligent pour apprendre aux gens du domaine à s'en servir. Il s'agit d'un procédé barbare que l'on doit remplacer au plus vite. Je suis heureux de pouvoir affirmer qu'il n'existe à ma connaissance dans aucune contrée où les troupeaux de bêtes à laine sont tant soit peu nombreux. S'il y a jamais été mis en pratique, il a été abandonné, depuis fort longtemps, dans toutes les exploitations du Berry. L'habitude veut que le maître paye les tondeurs à raison de 2 fr. 50 c. par jour et leur offre du tabac à fumer ou à priser. Le métayer les nourrit, et, comme il les nourrit copieusement au vin et à la viande de boucherie, il paye largement sa part de la dépense.

Relativement à tout ce qui concerne les détails de cette opération, je ne puis mieux faire que de renvoyer à un article que M. Heuzé a publié lors de l'Exposition universelle de 1855. (Voir *Journal d'Agriculture Pratique*, t. IV, 4e série, année 1855, pages 86 et suivantes.)

Le propriétaire soigneux de ses intérêts et ami du progrès a fort à faire le jour de la tonte.

Il doit passer avec la plus grande attention une inspection générale du troupeau et marquer, pour être impitoyablement vendue, toute bête défectueuse sous le rapport soit de la santé, soit de la conformation, soit des produits en laine et en agneaux. Il n'en coûte pas plus de nourrir de bons animaux que d'en entretenir de mauvais, et le résultat financier est bien différent. Au bout de quelques années, on sera tout étonné des résultats obtenus par une semblable sélection, dont la plupart des colons ne soupçonnent même pas la nécessité. Il doit, en outre, procéder à l'inventaire de ses troupeaux.

Le propriétaire fera bien de distribuer des gratifications à tous ceux, hommes ou femmes, qui s'occupent de la bergerie. Il aura un grand

intérêt à surexciter leur zèle en leur donnant cinq ou dix centimes par
agneau vivant le jour de la tonte. Mais, il faut éviter, avec soin, que
ces gratifications ne deviennent chose due; elles ne doivent jamais
perdre leur caractère de récompense accordée à de bons services;
elles doivent toujours être la preuve de l'entière satisfaction du propriétaire. Le but serait totalement manqué si les intéressés en venaient à croire que ces différentes sommes leur sont dues comme une
partie de leur salaire.

Les porcs craignent beaucoup la chaleur; il faut entretenir la
fraîcheur dans leurs loges et leur laisser la faculté de sortir à volonté
dans un lieu clos et ombragé. Ils ont besoin de se baigner souvent,
mais, on doit les empêcher de se vautrer dans la fange, comme ils y
sont trop souvent poussés quand on néglige ce soin. Une nourriture
herbacée leur convient toujours parfaitement. J'ai vu semer à la volée, avant le dernier binage des betteraves, des graines de laitues et
de romaines qui ne tardent pas à leur fournir une excellente alimentation.

La volaille commence à exiger une surveillance de tous les
instants, si l'on veut l'empêcher d'aller ravager les moissons et
les prairies. Ce qu'il y a même de mieux à faire, c'est d'obliger à
les tenir, autant que possible, renfermées. Ces précautions sont
nécessaires pendant tout le cours de l'année; elles sont indispensables à l'époque où les récoltes sont sur le point d'arriver à leur
maturité.

Potager, verger, vigne. — A mesure que la température
devient plus élevée, les arrosages doivent être de plus en plus fréquents. Les binages et les sarclages doivent aussi être exécutés avec
persévérance. Si ces travaux étaient négligés un seul instant, les
mauvaises herbes envahiraient les cultures; la sécheresse durcirait
la terre et arrêterait la végétation, toutes les espérances de récoltes
seraient fort compromises. Il y a lieu de procéder encore à certains
ensemencements des plantes dont la récolte s'effectuera pendant l'automne et l'hiver. L'ail et l'échalote, que les paysans consomment,
en si grande quantité, sont déjà bons à arracher. Le colon peut également récolter dans son jardin des salades, des choux, des navets et
des artichauts. Sa famille, ses domestiques et ses ouvriers seront en-
chantés de remplacer, par les légumes frais, les haricots et les pommes
de terre, qui forment la base de leur nourriture, depuis plusieurs
mois. Ils ne se féliciteront pas moins d'avoir à consommer les fruits

que commencent à fournir les cerisiers et les bigarreautiers en plein vent, ainsi que les groseilliers.

Quand les circonstances le permettent, on doit installer des treilles le long de tous les bâtiments. Ces treilles rendent plus gai l aspect des cours et fournissent des raisins que tous, grands et petits, trouveront avec plaisir. Lorsqu'elles auront atteint certaines dimensions, le moment sera venu de songer au palissage.

Dans les vignes, on finit d'accoler les sarments et d'ébourgeonner. A la fin du mois, il faudra rogner, relever et donner la troisième façon. Trois semaines environ après le soufrage effectué en mai, on doit renouveler cette opération. Le second soufrage s'effectuera donc dans la seconde quinzaine de juin, c'est-à-dire aussitôt que la floraison sera terminée.

Dans certaines localités, les foires sont très-nombreuses, et les métayers y vont perdre un temps précieux et contracter les plus détestables habitudes. Nous nous sommes élevé, avec force, contre cette malheureuse coutume, en engageant les propriétaires à lutter de toute leur énergie pour modifier ce fâcheux état de choses. On dirait que tout a été organisé dans les pays de métayage pour faire perdre du temps aux colons! Il est vrai qu'ils avaient si peu de besogne!

Dans le mois de juin, les *louées* viendront encore les forcer à s'éloigner de leurs travaux.

Il existe en Berry et dans un grand nombre de départements un usage déplorable. Les domestiques de la campagne obligent les cultivateurs à traiter avec eux:

1° De la Saint-Jean à la Toussaint;
2° De la Toussaint à la Saint-Jean.

De plus, ils ne veulent jamais traiter qu'à l'assemblée qui se tient, un certain jour, dans une localité voisine. De telle sorte que, deux fois par an, le malheureux cultivateur voit tous ses travaux suspendus et se trouve dans la nécessité d'aller perdre son temps à la *foire aux valets*. En outre, ces assemblées sont des occasions de débauche et de dépenses qui exercent sur les domestiques ruraux la plus pernicieuse influence. Il est regrettable d'avoir à constater que dans un minime intérêt communal, certains maires encouragent et multiplient ces assemblées par tous les moyens en leur pouvoir.

Pour obvier à ces inconvénients si graves, les conseils généraux demandent depuis longtemps avec les plus vives instances que le livret agricole devienne obligatoire. En attendant qu'une loi donne cette satisfaction à l'agriculture, le propriétaire peut en grande partie éviter à ses colons tous ces dérangements et tous ces embarras, en mettant à leur disposition un certain nombre d'habitations que nous appelons en Berry des *locatures*. Ces locatures se composent d'une chambre, d'un cellier, d'une vacherie, d'un toit pour les porcs et les volailles et d'une grange. A ces bâtiments sont annexés un jardin et l'étendue de terrain nécessaire pour que la famille y trouve sa nourriture et celle de son petit cheptel. Le colon choisit ses principaux domestiques : charretier, vacher, berger, etc., parmi les hommes mariés, et il les installe dans ces locatures avec leurs femmes et leurs enfants. Ces pères de famille ne montreront pas les mêmes exigences que des jeunes gens, et ils ne seront pas tentés, comme eux, de courir les *foires aux valets*. Quant au colon, il ne verra pas tous ses travaux désorganisés et suspendus à deux époques de l'année où il a besoin de tous ses moyens d'action.

Ces mesures prises, ces résultats obtenus, le propriétaire pourra se flatter d'avoir réalisé un immense progrès.

Le propriétaire doit prendre à sa charge toutes les améliorations foncières ; alors, le colon effectue seulement les transports nécessaires. Pour la culture proprement dite, le métayer exécute tous les travaux et toutes les dépenses qui lui incombent, conformément aux usages locaux ; le propriétaire contribue, dans une équitable proportion, à tous les frais extraordinaires de semences fourragères, de binages, etc...

Dans une brochure dont je suis le premier à reconnaître le mérite, quoiqu'elle soit destinée à combattre ma thèse, M. le vicomte de Dreuille fait valoir contre le métayage l'argument que voici :

Vous avez un mauvais pré, qui peut produire, année moyenne, pour 60 francs de foin ; vous pourriez le convertir en un champ de betteraves dont la récolte vaudrait 800 francs ; mais il faudrait dépenser pour cela :

Amendements et engrais. . . . . 300 fr.
Main-d'œuvre consistant en divers labours ou défoncements, binages, arrachages, etc.. 250

Total. . . . . 550 fr.

Un propriétaire ou un fermier trouverait un grand avantage à exécuter cette opération, qui se chiffrerait ainsi pour lui :

Frais . . . . 550 fr.
Ajouter la perte de la récolte du pré 60
                              Total. . . . . 610 fr.
Produits en betteraves 800
                              Bénéfice net. . . . . 190 fr.

Pour le métayer, cette opération se modifierait ainsi :

Moitié à sa charge dans le prix des amendements et des engrais . . . . 150 fr.
Main-d'œuvre. 250
Perte de 1/2 de la récolte du pré 30
                                          430 fr.
A déduire 1/2 de la récolte de betteraves 400
                              Reste une perte de. . . . 30 fr.

En supposant que la main-d'œuvre ne soit pas plus chère pour ce métayer que pour un propriétaire, à cause de l'insuffisance de son matériel.

Vous déciderez, peut-être, ce métayer à tenter l'opération en prenant à votre charge le prix total des amendements ; mais, alors, il lésinera sur la main-d'œuvre, n'obtiendra qu'un prix médiocre et déclarera que les betteraves ne peuvent pas réussir dans ce terrain-là.

Voilà l'objection telle que la formule M. le vicomte de Dreuille. Je ne m'arrêterai pas aux chiffres, l'auteur dit lui-même qu'on doit considérer ses calculs comme une formule algébrique que chaque praticien pourra remplir avec ses prix de revient.

Ainsi pratiqué, le métayage est une criante injustice, une véritable calamité. Il ruine le malheureux colon au profit du propriétaire. Comprise de cette façon, l'institution ne trouverait pas un défenseur parmi ses plus chauds partisans.

En traitant des travaux du mois de mai, page 64, nous avons dit que pour la culture des betteraves, le propriétaire devait prendre, à sa charge, différents frais qui représenteraient, à peu près, la moitié des dépenses extraordinaires. Nous avons dit qu'il devait :

1° Payer la moitié des semences ;
2° Faire exécuter à ses frais toutes les façons à la main et ne lais-

ser à la charge des métayers que celles qui peuvent être données au moyen des instruments mis en mouvement par les animaux de trait.

Admettons que tels ont été les arrangements adoptés et l'argument de M. le vicomte de Dreuille, si terrible en apparence, sera réduit à néant. En effet, prenons pour base ses propres calculs, et les résultats seront diamétralement opposés. Le propriétaire aura une belle part, sans doute ; mais, celle de son métayer ne sera certainement pas moins belle.

Produit supposé d'un hectare de betteraves : 800 fr. dont moitié pour le colon . 400 fr.

Frais à sa charge suivant M. le vicomte de Dreuille. . . . . 430 fr.

A déduire la part de dépense que le propriétaire doit supporter légitimement. . . 125

Restent. . . . 305

Le métayer réaliserait, alors, un profit de 95 fr. et non pas une perte de 30 fr.

Ce que nous avons dit des betteraves, nous le dirons de toutes les autres améliorations dont les résultats avantageux devront se produire, dans un bref délai. Quant aux améliorations foncières, la règle découle, toute seule, des considérations qui précèdent : le propriétaire doit faire toute la dépense; au colon incombe seulement le soin d'effectuer les transports avec les attelages de l'exploitation.

Comme le mois précédent, je recommande aussi bien au propriétaire qu'à son métayer de visiter les concours ainsi que les domaines les mieux cultivés et de faire de bonnes lectures.

Ouvrages à lire ou à consulter.

PENDANT LE MOIS DE JUIN.

PAR LE PROPRIÉTAIRE.

Les Manuels destinés aux éleveurs de tous nos animaux domestiques, par M. Villeroy.

PAR LE MÉTAYER.

Manuel de l'éleveur des bêtes à cornes, par M. Villeroy.

MOIS DE JUILLET[1].

ADMINISTRATION. — Nécessité d'une activité énorme et d'une attention soutenue. — L'œil du maître est indispensable. — Faut-il battre et vendre immédiatement ou bien attendre ?

CULTURES. — *Travaux intérieurs.* Mise en état des harnais, des véhicules, de la machine à battre. — Préparer les liens. — Réparations aux granges, aux fenils et aux greniers.

Travaux extérieurs. — Terminer la rentrée des fourrages. — Récolte de l'escourgeon, du seigle, de l'avoine d'hiver. — Couper les céréales avant leur maturité parfaite. — Usage des moyettes. — Le javelage. — Emploi de la faucille. — Introduction de la faux. — Récolte du froment. — Arrangements entre le propriétaire et son colon à ce sujet. — Usage des meules. — Soins à prendre des grains battus aussitôt après la moisson.

Deuxième labour à la jachère. — Hersages et roulages. — Déchaumages. — Transport des fumiers. — Binages et sarclages. — Semailles pour fumures vertes. — Deuxièmes coupes de luzerne. — Fauchaison des vesces de printemps. — Récolte des graines de vesces d'automne.

BÉTAIL. — Soins aux attelages pendant les grandes chaleurs. — Précautions à prendre quand on est forcé de leur faire consommer des fourrages et de l'avoine nouvellement récoltés. — Pâturage dans les prés et les champs de céréales au fur et à mesure qu'ils sont découverts. — Monte des brebis.

POTAGER, VERGER, VIGNE, BOIS TAILLIS. — Nécessité des arrosages abondants. — Cultures pour l'arrière-saison et l'hiver. — Récoltes des premiers fruits. — Troisième façon aux vignes. — Rognage. — Suspension des travaux dans les bois.

Le mois de juillet est, sans contredit, le plus pénible de l'année. C'est le mois pendant lequel le cultivateur a besoin de déployer le plus d'activité, de montrer l'attention la plus soutenue, et quelquefois, d'avoir une véritable énergie. C'est aussi l'époque où il éprou-

[1] Ce mois a paru dans le *Journal d'Agriculture Pratique*, numéro du 11 juin 1867, page 40.

vera les jouissances les plus réelles. En effet, quelle satisfaction ne ressentira pas le père de famille en visitant ses granges et ses cours à meules, remplies des produits d'une riche moisson ; en parcourant ses fenils insuffisants pour contenir tous ses fourrages, espoir d'une énorme production de bétail et d'engrais ! Mais, la moindre négligence peut être funeste ; il ne faut pas oublier que rien ne peut ici, pas plus que dans tant d'autres détails de culture, remplacer *l'œil du maître*. Il faut encore que le cultivateur sache se multiplier et communiquer son ardeur, active et réfléchie, à tous ses ouvriers. Quand la pluie menace et que les fourrages ou les céréales ne sont pas à l'abri, gens et chevaux doivent prendre leurs repas *à la hussarde*, comme dit M. de Dombasle ; il n'est pas question de dîner, il faut rentrer les récoltes.

Toutes ces mesures indispensables pour mettre partout cet ordre qui peut, seul, assurer la célérité du service et l'économie de la main-d'œuvre sont complétement nouvelles pour les métayers. Ils auront donc, en général, une certaine peine à s'y reconnaître. Le propriétaire doit, alors, intervenir et prêter à son colon un concours efficace. Mais, il doit ne le faire qu'avec une grande mesure et une extrême circonspection. Par-dessus tout, il évitera de blesser son amour-propre.

La fenaison peut bien rarement être terminée dans les premiers jours de juillet. Dans certaines années pluvieuses, elle est même fort en retard. Il est nécessaire d'en hâter l'accomplissement par tous les moyens possibles, afin d'être en mesure de reporter toutes ses forces du côté des céréales. C'est également dans ce but qu'il convient de prendre, à l'avance, certaines mesures de détail qui ont une véritable importance. Il convient, par exemple, de :

1° Visiter les harnais, les moyens de transport, la machine à battre, et s'il y a lieu, les faire remettre en état ;

2° Faire préparer les liens nécessaires pour la moisson ;

3° Terminer les dernières réparations aux granges, aux fenils et aux greniers. Les rats et les souris causent souvent des pertes très-sensibles dans une exploitation rurale. Il ne faut donc négliger aucun moyen de les détruire. A cet effet, les trous que ces rongeurs font dans les murs seront bouchés avec du verre cassé et du plâtre.

L'usage des amendements calcaires a fait perdre à la culture du seigle presque toute son ancienne importance. Les colons les plus arriérés ont, depuis longtemps, compris l'immense avantage qu'il y avait, pour eux, à remplacer par un froment cette céréale qui rend à peu près la même quantité d'hectolitres, qui ne laisse pas le sol moins épuisé et qui a, sur les marchés, une vente de plus en plus difficile et des prix tout à fait inférieurs. Toutefois, la paille de seigle est encore employée par la plupart des cultivateurs, pour fabriquer les liens dont ils ont besoin à l'époque de la moisson. Aussi, pour se procurer cette paille et dans ce seul but, consacrent-ils, chaque année, à la culture de cette céréale, un ou deux hectares, suivant l'importance de leur exploitation. Dans les pays vignobles, on se sert également de la paille de seigle pour *accoler* la vigne.

Le seigle arrive à maturité dans la première quinzaine de juillet. On le rentre immédiatement, et l'on procède au battage sans aucun retard. Dans l'*Encyclopédie de l'agriculteur*, volume IX, page 419, M. Moll donne sur cette opération et au sujet de la confection des liens les indications les plus précises. Après un pareil maître, je ne puis mieux faire que de renvoyer les intéressés à cet ouvrage si remarquable.

Dans certaines localités, on fait également usage de *tilles* ou liens en écorce de tilleuls. Enfin, M. de Lapparent, directeur des constructions navales, a inventé des liens automatiques et inaltérables. Il les a décrits dans le *Journal d'Agriculture Pratique*, année 1866, tome I, pages 465 et suivantes.

Avant la récolte du seigle, on doit effectuer celle de l'escourgeon, mûr dès les premiers jours de ce mois et quelquefois même, lorsque l'année est précoce, dès la fin de juin. Pour un métayer qui n'a pas beaucoup d'avances, l'orge d'hiver est une très-précieuse ressource. J'ai eu plusieurs fois l'occasion de voir récolter cette céréale au commencement d'une semaine, battre sur-le-champ, envoyer, sans retard, le grain au meunier et donner, à la fin de la même semaine, à leurs ouvriers du pain fabriqué avec la farine qui en provenait. Sans doute, le pain d'orge n'est pas une excellente nourriture ; mais aussi nous ne parlons pas ici de millionnaires. Bien entendu, je ne recommande pas cette pratique ; je la signale comme un pis-aller qu'on est souvent très-heureux de trouver. Dans toute métairie arrivée à des conditions normales, il faut que les travailleurs donnent la plus grande somme de travail possible. Pour cela, il est indispensable qu'une bonne nourriture répare leurs forces : or, le premier élément de toute alimentation tant soit peu substantielle, c'est le pain de froment.

Après l'escourgeon vient l'avoine d'hiver qui mûrit à peu près en même temps que le seigle. Sauf de très-rares exceptions, les métayers ont, en général, complétement épuisé leurs provisions de grains et de fourrages à l'époque qui nous occupe. Ils se trouvent donc forcés de nourrir tout leur bétail, et, particulièrement, les chevaux, avec des fourrages et de l'avoine nouvellement récoltés. Tous les hommes spéciaux s'accordent pour blâmer cet usage comme contraire à toutes les règles de l'hygiène. Il est bon que le propriétaire en soit bien prévenu; il pourra porter sa surveillance de ce côté, il cherchera à éviter les inconvénients qui pourraient résulter d'un semblable état de choses, et il fera tous ses efforts pour que, le plus tôt possible, les greniers aux fourrages et les coffres à avoine soient encore garnis de provisions de l'année précédente pendant un mois au moins. Il devra aussi recommander chaudement l'excellente pratique du javelage, sans toutefois la laisser exagérer.

Dans les pays situés au midi de la Loire, c'est-à-dire dans les contrées où le métayage domine et dominera longtemps encore, juillet est, par excellence, l'époque de la moisson. Les colons auront toujours les meilleures raisons pour ajourner le commencement de ce travail. Il leur arrivera constamment de laisser passer l'époque de la maturité du grain, et il en résultera, par l'égrenage, des pertes souvent très-sérieuses. Le propriétaire-améliorateur aura fort à faire, dans les débuts principalement. Il ne devra jamais oublier qu'il est toujours avantageux de couper les grains plusieurs jours avant leur complète maturité. La maturité s'achèvera en javelles, ou mieux en moyettes.

Les moyettes sont d'un usage général en Normandie, où le voisinage de la mer, en répandant beaucoup d'humidité dans l'atmosphère, en a, depuis longtemps, fait sentir l'impérieuse nécessité. Il faut bien reconnaître que partout ailleurs en France cette coutume est la grande exception. On s'en préoccupe seulement dans les années humides. Alors, l'administration appelle sur cet excellent procédé toute l'attention des cultivateurs. Mais, ils ne se décident pas à le mettre en pratique. Le supplément de frais qu'il entraîne en est probablement la seule cause. Quoi qu'il en soit, les propriétaires qui y auraient un intérêt quelconque trouveront dans la collection du *Journal d'Agriculture Pratique* la description de toutes les moyettes usitées.

Dans les pays de métayage, si négligés et naturellement si arriérés, la faucille était seule en honneur. Les colons coupaient le blé à une certaine hauteur au-dessus du sol. Parfois, ils ont laissé ainsi jusqu'à cinquante centimètres de paille. Ils prétendaient que ces éteules formaient un lit tellement épais que les javelles ne pouvaient pas toucher la terre et que, dès lors, les grains n'étaient pas exposés à germer dans les années pluvieuses. Comme le battage s'opérait au fléau, il y avait moins de paille, ce qui permettait, en outre, d'effectuer ce travail avec une certaine économie de temps. La moisson terminée, ils venaient couper cette paille soit à la faux, soit à la faucille et au *chaumet*, petite fourche de bois qui soutenait la paille coupée jusqu'au moment où ils jugeaient à propos de la déposer sur un des tas allongés qu'ils disséminaient sur toute la surface de la pièce. Ils disaient en parlant de cette paille : *le chaume*, et de cette opération : *chaumage* et *chaumer*. Le chaume n'était bon, bien entendu, qu'à faire la litière des bestiaux.

Le propriétaire ne saurait trop vite supprimer le *chaumage* et remplacer la faucille par la faux, en attendant que les machines aient été suffisamment perfectionnées pour qu'elles fournissent un bon travail. Il trouvera soit dans la quatorzième livraison des *Annales de Grignon*, soit dans l'*Encyclopédie de l'agriculteur*, tome VII, page 367 et suivantes, toutes les indications qu'il pourra désirer sur l'emploi de ce précieux instrument.

Dans le nord de la France et dans la Belgique, où les blés sont souvent versés, les cultivateurs préfèrent la sape. La sape a été introduite par des cultivateurs flamands et picards, dans quelques localités du Centre. Si les métayers la préfèrent à la faux, rien de mieux, mais j'en doute beaucoup, parce que déjà ils sont, par la fauchaison des prairies, familiarisés avec la faux.

Je répéterai ici ce que j'ai dit au sujet des faucheuses, des faneuses et des râteaux à cheval. Le propriétaire ne doit négliger aucune occasion de faire assister ses colons à des essais de machines à moissonner. Dans ces dernières années, le prix de la main-d'œuvre et, en particulier, la journée des ouvriers employés à la récolte des céréales ont augmenté dans une énorme proportion. Pour peu que cela continue, il faudra bien avoir recours aux moissonneuses, même quand elles n'auraient pas atteint le degré de perfection qu'on pourrait désirer. Voilà une circonstance grave que le propriétaire de métairies ne doit pas perdre de vue. Ne peut-il pas se trouver dans l'obligation de mettre une de ces machines entre les mains de ses colons beaucoup plus tôt qu'il ne pensait?

Dans les pays de métayage, les pauvres ont, jusque dans ces dernières années, été plus nombreux que partout ailleurs. Cette circonstance y a fait maintenir, j'allais dire encourager, la déplorable habitude du glanage. Chaque année, à l'époque de la moisson, le malheureux cultivateur manque de bras ; il paye très-cher ceux qu'il peut réunir, et il faut qu'il voie une nuée d'individus des deux sexes, parmi lesquels beaucoup de jeunes gens forts et vigoureux, envahir ses champs, avant même qu'il ait eu le temps d'enlever toutes les récoltes. Le glanage est donc une plaie et une calamité : c'est le vol légalement organisé et l'oisiveté légalement encouragée.

Un arrêt récent de la Cour de Cassation vient encore de décider que le cultivateur n'a le droit d'envoyer ses moutons dans ses champs que deux jours après l'enlèvement de la dernière gerbe ! Le glanage est une vieille institution que nous ont léguée les âges les plus reculés. Autres temps, autres mœurs. Le propriétaire devra saisir toutes les occasions possibles de convaincre nos législateurs que cet usage n'est plus de notre temps et qu'il doit être interdit, sans aucune restriction.

Jusqu'ici, je n'ai négligé aucune occasion de montrer la solidarité qui existe dans tout colonage bien entendu, entre le maître et son métayer. Toutes les fois qu'il s'est agi d'une innovation ou d'un travail entraînant une dépense extraordinaire, je n'ai pas manqué de signaler aux propriétaires la nécessité qu'il y avait pour eux de payer de leur bourse et de leur personne. M. Rieffel [1] trouve que, « malgré de généreux efforts en avances d'engrais et de chaulages, « ils n'interviennent pas encore assez, lorsqu'il s'agit des détails « de la pratique agricole. Cependant, les progrès, et par suite, l'ac- « croissement de la rente des terres ne viendront que par les lu- « mières et l'impulsion des propriétaires. »

Pour les travaux de la moisson, les conditions ont été réglées par les générations qui se sont succédé depuis des siècles. Le *maître* fournit un homme qui surveille dans son intérêt et qui travaille au profit des métayers. Si l'usage local veut que le partage se fasse dans la pièce même, les gerbes de blé sont rangées en douzaines et l'on vient les enlever avec deux voitures. La première douzaine sera chargée sur l'une et la seconde sur l'autre, ainsi de suite. Une fois le chargement complet, les voitures sont dirigées l'une vers la

[1] *Manuel du propriétaire de métairies*, page 207.

grange du *maitre* et l'autre vers celle du colon. Ainsi, le partage se trouve effectué dans les conditions les plus équitables et les plus impartiales

J'ai recommandé l'usage des meules de foin et de paille. Je n'hésite pas à recommander aussi les meules de gerbes de toutes espèces de céréales. Il y a vingt ans, les métayers Berrichons n'en soupçonnaient pas même l'usage. Les cultivateurs étrangers leur ont montré l'excellent parti qu'on pouvait en tirer; ils les ont imités et les domaines où l'on ne voit pas de meules sont aujourd'hui la grande exception.

Pendant que toutes ces opérations s'effectuent, le propriétaire doit examiner, avec le plus grand soin, s'il n'y aurait pas avantage à battre immédiatement, après la moisson, et à vendre sans délai. Il est quelquefois possible de reconnaître à des signes presque certains que les prix baisseront le jour où les grains de la nouvelle récolte paraîtront sur les marchés. Alors, le cultivateur soigneux et attentif, en prenant les mesures que nous venons d'indiquer, réalisera un bénéfice important. J'ajoute que rien n'est plus facile aujourd'hui, grâce à l'usage, de plus en plus répandu, des machines à vapeur locomobiles.

Dans cette circonstance, qui sort évidemment des conditions habituelles de la culture par métayage, le propriétaire devra prendre avec son colon des arrangements particuliers. L'équité voudra qu'il paie une partie de la main-d'œuvre plus considérable que celle par lui fournie d'habitude; ce mode de battage exige, en effet, un plus grand nombre de bras que la même opération effectuée par les machines à battre ordinaires. Le métayer fournira les autres ouvriers et tous les attelages nécessaires aux très-nombreux transports. Les grains provenant de ces battages seront encore tout humides. Si l'on ne veut pas qu'ils s'échauffent avant la livraison, il faudra les remuer très-souvent.

Les travaux de la moisson ne devront pas faire négliger ceux de la culture proprement dite.

Il conviendra de profiter de tous les moments de loisir pour procéder au second labour des jachères, déjà retournées en mai pour la première ou la seconde fois. Bien entendu, la herse et le rouleau précéderont et suivront la charrue. Dans les localités où, sous l'influence de la chaleur, la couche arable ne se durcit pas au point d'empêcher les instruments d'y pénétrer, il ne faut jamais négliger les déchaumages. Dans la plupart de nos métairies, le terrain n'a jamais reçu de façons bien soignées; aussi est-il infesté de mauvaises herbes. On doit donc y recommander la pratique des déchaumages encore plus que partout ailleurs.

Les attelages seront surtout occupés au transport des fourrages et des céréales; mais, on peut encore les utiliser pour conduire du fumier sur les jachères, et, s'il y a lieu, sur certains chaumes. Toujours préoccupés des moyens de n'employer aux fenaisons comme aux moissons que le moins grand nombre possible d'ouvriers étrangers au domaine, les colons préfèrent laisser leurs chevaux à l'écurie et employer les conducteurs dans les champs de trèfle ou de blé. Cette économie est évidemment fort mal entendue : les attelages coûtent fort cher ; dès lors, toute journée perdue constitue une non-valeur que ne peut pas compenser l'économie même de plusieurs journées d'ouvriers. En Berry, les métayers commencent à le comprendre ; mais ils n'en ont pas jusqu'ici tenu un compte bien sévère. Le temps, les conseils du propriétaire feront le reste.

Il ne faudra pas apporter la moindre négligence aux binages, aux sarclages et aux éclaircissages des betteraves, des carottes et des autres plantes sarclées. Ces mêmes façons devront, dans le courant du mois, être aussi données aux choux plantés en mai et juin. Si le moindre oubli, à cet égard, était commis, le succès de ces cultures serait fort compromis.

C'est encore dans le mois de juillet qu'il faut songer aux récoltes dérobées et aux plantes semées pour être enfouies en vert. On ne fait pas assez de cas de ce dernier mode d'augmenter la masse des matières fertilisantes dont on dispose. C'est, cependant, une ressource bien précieuse dans les domaines où l'engrais manque. Les auteurs du *Bon Fermier* citent, page 639, 2e édition, un fermier qui, dans un sable un peu calcaire des environs de Paris, a semé plusieurs années de suite sur un seul labour, après du seigle, du sarrasin à raison de 100 à 110 litres à l'hectare. Au 15 septembre, lorsque le sarrasin était en pleine fleur, il passait le rouleau sur la récolte et l'enfouissait. Le seigle était, de nouveau, semé sur ce labour et sans autres engrais. Pendant quatre ans, le seigle ainsi mis sur sarrasin a constamment réussi.

Enfin, il arrive souvent que, dans le courant de ce mois, il est nécessaire de faucher les deuxièmes coupes de luzerne. Quant aux vesces, celles semées à l'automne donneront leurs graines; les autres, d'abord, des fourrages ; puis, des semences pour l'année suivante.

Bétail. — Pendant le mois de juillet, l'alimentation des chevaux doit se composer de fourrages secs, d'avoine et d'eau blanchie avec du son, le tout en quantité variable, suivant le travail qu'on leur demande. Je l'ai déjà dit, mais je ne saurais trop le répéter, l'usage des fourrages nouveaux peut leur être funeste. On ne saurait prendre trop de précautions, si l'on est forcé par les circonstances d'en faire la base de leur nourriture. Il faut continuer à leur éviter les courants d'air, tout en maintenant toute la fraîcheur possible dans leurs écuries. Lorsqu'ils rentrent, ils doivent être bouchonnés, avec soin, et, le soir, quand ils sont reposés, il sera toujours bon de leur faire prendre un bain. A défaut d'un étang ou d'un cours d'eau, on les conduit dans une mare. Un propriétaire soigneux doit en pourvoir tous ses domaines.

La nourriture verte est continuée aux bêtes à cornes, et aux bêtes à laine. Elle se composera de vesces d'hiver et de printemps, de trèfle, et, au besoin, de luzerne coupée pour la deuxième fois. Au moment des grands charrois, la ration des bœufs de trait sera augmentée. Il sera très-utile d'y ajouter une certaine quantité soit d'avoine, soit d'orge, soit de sarrasin. Si l'on est organisé pour cela, il faudra aplatir ces grains. Voilà des indications qui paraîtront bien extraordinaires à des métayers débutant dans la voie du progrès. Avec du temps et de la patience et, surtout, quelques légers sacrifices, le propriétaire arrivera certainement à les convaincre.

Après la rentrée des foins ; au fur et à mesure que les champs de céréales seront découverts, le métayer disposera de ressources qui ne sont pas à dédaigner. Il enverra dans les prés, qui ne portent pas regain, ses vaches et ses bœufs ; dans les chaumes, ses différents troupeaux. Ainsi, il réalisera des économies précieuses sur sa provision de fourrages à consommer verts ou desséchés.

Pendant les grandes chaleurs, tout le bétail, le jeune principalement, doit être mis à l'abri. S'il n'y a pas d'ombrages convenables dans les pâturages, tous les animaux doivent être rentrés dans leurs étables.

Le plus généralement, c'est pendant le mois de juillet qu'a lieu la monte des brebis. Au surplus, quelle que soit l'époque préférée, les précautions et les mesures à prendre sont toujours les mêmes. Autrefois, dans les métairies, la monte se faisait sans aucun soin et le hasard seul y présidait. Un mâle qu'on décorait du nom de bélier cohabitait, toute l'année, avec les brebis ; les agneaux venaient quand et comme ils pouvaient. Plus tard, le bélier a vécu séparé des brebis

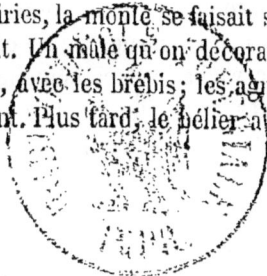

pendant une grande partie de l'ann(e; mais, une fois dans le troupeau, il vivait de leur vie et ne recevait pas le moindre supplément de nourriture. Aussi, les non-valeurs étaient nombreuses et les agneaux venaient à des intervalles plus ou moins éloignés. Sans tenir compte de la date des naissances, tous étaient réunis ; les plus âgés disputaient aux jeunes la maigre ration mise à leur disposition, de telle sorte que ces derniers restaient petits et chétifs. On les appelait des *rogrons* ; leur catégorie était bien nombreuse. Dans beaucoup de circonstances, les femelles de l'année étaient saillies. Mal soignées, elles ne pouvaient donner que des animaux malingres, qui ne faisaient qu'augmenter le nombre des *rogrons*.

Aujourd'hui, on s'efforce de ne laisser saillir que les femelles âgées de dix-huit mois au moins. Les béliers sont séparés du troupeau, et, dans aucun cas, ils ne vont pâturer avec lui dans les champs. Ils y sont mélangés seulement la nuit, ou bien, pendant quelques heures de la journée. Dans l'intervalle, ils reçoivent une bonne nourriture et une ration d'avoine. Ces béliers sont ou élevés dans la ferme et choisis parmi les meilleurs agneaux, ou achetés dans des bergeries qui ont pour spécialité la production des reproducteurs. La monte ne dure qu'un espace de temps déterminé, cinq à six semaines au plus ; aussi les agneaux naissent à peu près tous à la même époque et l'espèce des rogrons tend à se perdre. De plus, les brebis sont de mieux en mieux nourries et soignées ; naturellement, le nombre des non-valeurs tend à diminuer. Sans aucun doute, ces pratiques ne sont pas encore usitées partout, mais elles se répandent, et, à en juger par les progrès que réalisent nos colons, elles ne peuvent pas tarder à être adoptées dans le plus grand nombre des bergeries.

Dans toute exploitation où l'élevage des bêtes à laine a une certaine importance, je ne saurais trop recommander la création d'une petite bergerie de choix. Composée d'animaux d'élite, trouvés sur la propriété, ou bien, achetés au dehors, elle fournira les reproducteurs mâles et femelles nécessaires pour améliorer tous les troupeaux. D'abord une exception, elle deviendra, à force de soins et avec le temps, la généralité. Tel doit être le but de tous les efforts du propriétaire progressif.

Bien entendu, si la principale spéculation du domaine portait sur les chevaux ou sur les bêtes à cornes, je recommanderais la création d'une écurie ou d'une vacherie dans laquelle je chercherais également les bases de toutes les améliorations à venir.

La monte et toutes les autres occupations du mois ne doivent pas faire oublier que la laine, tondue en juin, a besoin des soins les plus minutieux pour sa parfaite conservation. La vente de ces laines mérite encore d'attirer l'attention du propriétaire justement préoccupé de ses intérêts et de ceux de ses colons.

A propos de la tonte, j'ai recommandé de profiter de l'occasion pour procéder à un inventaire général des cheptels. Voici un de ces inventaires qu'on veut bien me communiquer :

I. VACHERIE.

Existences le 24 juin 1866 :

1 vache blanche et rouge, née en 1849, âgée de 17 ans.
1 vache blanche et noire, née en 1857, âgée de 9 ans.
1 vache noire, née en 1860, âgée de 6 ans.
1 vache rouge, née en 1862, âgée de 4 ans.
1 vache, née en 1863, âgée de 3 ans.
1 génisse, née en 1864, âgée de 2 ans.
1 génisse, née en 1865, âgée de 1 an.
1 taureau, né en 1864, âgé de 2 ans;
1 taureau, né depuis le 24 juin 1865.

Ventes effectuées du 24 juin 1866 *au 24 juin* 1867 :

Le 30 juin 1866, vendu la vache blanche et rouge, âgée de 17 ans.	210 fr.
Le 6 janvier 1867, vendu un veau.	42
Le 7 avril 1867, vendu deux veaux.	80
Le 20 juin, vendu une vache de 4 ans et son veau. .	250
Le 23 juin, vendu une vache de 5 ans.	210
Le 11 novembre 1866, vendu un taureau de 2 ans. . .	210
Total.	1,002

Existences le 24 juin 1867 :

1 vache blanche et noire, née en 1857, âgée de 10 ans.
1 vache noire, née en 1860, âgée de 7 ans.
1 vache, née en 1864, âgée de 3 ans.
1 génisse, née en 1865, âgée 2 ans.
1 taureau, né en 1866, âgé de 18 mois.
2 génisses, nées depuis le 24 juin 1866.

II. BERGERIE.

Situation le 28 juin 1866, *jour de la tonte.*

Brebis 211

Agneaux . . . . 135 { Mâles. . . 70 / Femelles. . 65

346   135

Réserve : { Brebis. . . . . . . 19 / Antenaises . . . . 7 / Vieux béliers . . . . 12 / Agneaux béliers . . . 11 } 49

Total. 395

Ventes effectuées du 28 juin 1866 au 27 juin 1867.

Vieux béliers 12
Agneaux mâles : agneaux-béliers . . . . 7 } 67
           agneaux châtrés . . . . . . 60 }
Femelles : antenaires au boucher . . . . . . 1 }
     d°   d° . . . . 1 }
Brebis au boucher. . . . . 4 } 106
Rebuts des femelles, vieilles et jeunes . 100 }
Mortalités, vieilles brebis. 2

Trouvé en tondailles le 27 juin 1867 :

Brebis du troupeau. . . . . . . 174 } 194
   d° de la réserve . . . . . . 20 }   208
Béliers destinés à la monte . . . . 14 }

Total. 395

Situation au 27 juin 1867 :

Brebis. 174
Agneaux de l'année. . . . . . . 156 { Mâles. . . 76 / Femelles. . 80

Total. . . . 330   156

Réserve. { Brebis. . . . . . 20 / Agnelles . . . . 9 } 19 / Agneaux-béliers . 10 } / Béliers destinés à la monte. . . . . 14 } 53

Total. . . . 383

Une dernière recommandation, en terminant. Les bêtes à laine ne doivent qu'à de très-rares exceptions, spécialement autorisées par le propriétaire, pâturer dans les prairies naturelles. Elles peuvent y contracter la cachexie aqueuse dans les années humides ; et il ne faut pas perdre de vue que la dent du mouton est funeste aux graminées comme aux légumineuses. Ce que je viens de dire des bêtes à laine s'applique à plus forte raison aux oies. L'entrée des prairies naturelles doit leur être interdite de la manière la plus formelle.

La nourriture des porcs se composera de fourrages verts avec les mêmes avantages. On doit continuer à leur procurer toute la fraîcheur possible et à les faire baigner souvent.

L'époque est venue de chaponner les jeunes coqs qui commencent à chanter. Cette opération, qui augmente beaucoup leur valeur, est, en général, trop négligée par les métayères.

Potager, verger, vigne, bois taillis. — Le potager continue à fournir la table de toutes sortes de légumes. Le métayer actif et intelligent aura soin d'arroser toutes les fois qu'il sera nécessaire de combattre les effets de la sécheresse. Il n'omettra pas de planter les choux d'arrière-saison en intercalant des salades entre chaque rang et de repiquer les poireaux pour la provision d'hiver.

Les fruits sont très-abondants ; quelques poires sont déjà mûres ; mais ce sont surtout les fruits rouges, cerises, groseilles à grappes et à maquereau qui formeront la grande ressource.

Les travaux de la moisson vont absorber tous les bras. Avant qu'elle ne soit commencée, la vigne doit avoir reçu toutes les façons dont elle a besoin. Durant le mois de juillet, on donne la troisième façon, qui détruit les mauvaises herbes, avant qu'elles n'arrivent à graines, et l'on pratique le rognage.

Dans les bois, les travaux ordinaires, et nous ne devons nous occuper que de ceux-là, sont suspendus à cause du prix très-élevé de la main-d'œuvre.

Si le propriétaire doit très-vivement se préoccuper de développer les facultés intellectuelles et morales de ses colons, il doit commencer par leur donner l'aisance matérielle.

Avant de songer à nourrir l'esprit, il faut évidemment commencer par assurer les besoins du corps. Je connais de pauvres diables avec lesquels le *maître* n'a jamais réglé un compte définitif. Ils ne connaissent pas leur situation ; ils reçoivent, de loin en loin, quelques petites sommes qu'on leur fait très-souvent valoir. Dans ces conditions, ils ne pourront jamais arriver au bien-être. Inutile d'ajouter que je renie énergiquement ce métayage-là, c'est la plus déplorable des institutions. Nous avons parlé de défiance, celle de ces malheureuses gens n'est-elle pas trop justifiée ? Je n'hésite pas à leur donner

6.

le conseil de quitter le plus tôt possible un pareil *maître*; de faire tous leurs efforts pour en trouver un autre, dont la délicatesse leur sera bien connue.

Quant au propriétaire qui aura résolument adopté les pratiques nouvelles, il aura fait un pas énorme le jour où, après avoir réglé un compte annuel, il lui sera permis, pour la première fois, de remettre à ses colons un reliquat quelconque. Sans contredit, ce sera pour ces derniers le plus puissant des encouragements, ce sera aussi la meilleure manière d'acquérir sur eux la légitime influence, dont le propriétaire a besoin pour développer les premiers résultats obtenus, et pour entrer encore plus avant dans la voie des améliorations et du progrès.

Après quelques années de semblables efforts, le moment sera venu de songer sérieusement à l'intelligence des colons et à celle de leur famille. Plus que jamais nous recommanderons alors les bonnes lectures. Durant le mois de juillet, les loisirs sont rares; je crois devoir indiquer, néanmoins, quelques bons livres. Le propriétaire et les métayers y trouveront, en les parcourant, un repos salutaire et des renseignements qui, un jour ou l'autre, leur seront fort utiles.

Ouvrages à lire ou à consulter.

PAR LE PROPRIÉTAIRE	PAR LE MÉTAYER
	PENDANT LE MOIS DE JUILLET,
Les constructions rurales, par M. Bouchard-Huzard.	*Le Mouton*, par M. Lefour.

MOIS D'AOUT [1]

ADMINISTRATION. — Nécessité d'un plan annuel de tous les ensemencements.

CULTURE. — *Travaux extérieurs.* — Finir la moisson. — Transports de marne, de chaux et de fumiers. — Labours des jachères. — Déchaumages. — Travaux d'assainissement. — Semailles du trèfle incarnat, hâtif et tardif. — Deuxièmes coupes de sainfoin et de trèfle ; troisièmes coupes de luzerne dans les années favorables.

BÉTAIL. — Précautions à prendre en envoyant le bétail dans les prés. — Supprimer le pâturage dans les bois. — Interdire le pacage sur les jeunes prairies artificielles. — Bannir les bêtes à laine des prés et des prairies artificielles. — Précautions à prendre pour faire passer les animaux de la pénurie à une abondance relative. — Exiger que les oies et les dindes n'aillent pas dans les jeunes prairies artificielles et soient toujours sévèrement gardées.

JARDIN POTAGER, VERGER, VIGNE, BOIS TAILLIS. — Récolte des haricots. — Cultures pour l'arrière-saison et le printemps prochain. — Récolte des graines des plantes potagères. — Couper les rejets poussés au pied des arbres. — Soutenir les branches chargées de fruits. — Pratiquer le relevage dans les vigne et la quatrième façon, s'il y a lieu. — Tailler les haies. — Récolter la feuillée d'ormeau et de peuplier.

Les propriétaires les plus expérimentés redoutent avec raison un changement de colon. Pour ceux qui débutent, c'est une véritable calamité. Il me semble, dès lors, que ni les uns ni les autres ne me reprocheront de revenir sur ce sujet. Or, précisément j'ai eu, dans ces temps derniers, connaissance d'une *rendue* qui s'est opérée dans des conditions exceptionnelles.

Le métayer sortant devait laisser une certaine étendue de trèfle ;

[1] Ce travail a paru dans le *Journal d'agriculture pratique*, numéro du 1 août 1867, pages 169 et suivantes.

cinq ou six hectares manquaient totalement. Dans le but de l'encourager à laisser la plus grande masse possible d'engrais, le bail prescrivait que son successeur prendrait tous les fumiers à un prix déterminé par des experts et qu'il lui en payerait la valeur à lui seul. Cette convention est sage, sans aucun doute; mais incontestablement, elle est très-large. Eh bien, le métayer dont je parle, ne la trouvant pas encore assez large, s'abstint de conduire sur les blés, dont la moitié devait revenir au propriétaire, tous les fumiers disponibles. Il en garda une centaine de mètres cubes, qui devaient, le jour de sa sortie, être sa propriété exclusive et sans aucun partage. Enfin, pour la dernière année de sa jouissance, il ensemença en céréales plus de la moitié des terres arables, tandis que son bail lui défendait, dans les termes les plus formels, de dépasser cette proportion.

Depuis longues années, le propriétaire avait l'habitude de faire sur un plan le relevé exact de tous les ensemencements. Au moyen des nombreuses indications qu'il avait ainsi recueillies, il lui fut facile de reconnaître que son colon était en faute sur ces divers points.

Après avoir consulté sur ses droits les personnes les plus compétentes, le propriétaire fit entendre ses légitimes réclamations, le jour de la rendue des lieux, après que les procès-verbaux des experts eurent été signés et en présence de ces derniers. Sans aucune hésitation, le métayer reconnut ses torts et il se déclara prêt à en supporter les conséquences; il demanda seulement à terminer l'affaire par une transaction. Après les pourparlers indispensables, il prit l'engagement régulier de payer une indemnité représentant, à peu près, le préjudice causé.

Je suis entré dans tous ces détails afin d'attirer l'attention des intéressés sur les mille et mille piéges auxquels ils sont exposés en pareille occurrence. J'ai aussi voulu leur signaler l'immense intérêt qu'il y a, pour eux, à avoir toujours sous les yeux le plan des ensemencements de l'année. Il faut bien reconnaître que tous les colons ont une tendance *involontaire* à diminuer les hectares consacrés aux prairies artificielles et aux plantes sarclées et à augmenter, au contraire, la superficie destinée aux céréales. Cette tendance ne peut être efficacement combattue que par un relevé exact de toutes les cultures. Entre autres avantages, ce relevé permet de leur présenter, s'il y a lieu, de sévères observations en parfaite connaissance de cause.

De tout ce qui précède, il résulte qu'un propriétaire-améliorateur doit commencer par se procurer un plan exact de ses domaines. Or, il est bien rare que ce plan existe. En général, on ne trouve entre les mains de la plupart des propriétaires qu'un vieux plan à peine conforme aux lieux, ou bien, une copie plus ou moins mal faite du cadastre. Si la comptabilité est la lumière de toute opération agricole, un plan en est le guide indispensable. De tout, il faut tirer la morale; voilà celle de l'anecdote que je viens de conter. Revenons maintenant, aux travaux proprement dits de l'agriculture.

Dans les pays de culture très-avancée, les agriculteurs procèdent aux semailles du colza, de la navette et de la gaude, ainsi qu'à la plantation du safran. Ils récoltent le millet, les cardères, les pavots, le lin et le chanvre. Une fois pour toutes, constatons que les métayers n'ont pas à s'occuper de tous ces travaux. Avant de penser aux plantes industrielles, signes de la culture la plus riche, la plus soignée et la plus exigeante, il faut qu'ils améliorent leur terre et qu'ils apprennent à en obtenir de bonnes récoltes de blé et de fourrages artificiels. Dans cette situation, plus qu'en toute autre, trop d'ambition ou trop de précipitation serait très-nuisible à l'entreprise. Encore une fois, la grande qualité, la qualité indispensable pour réussir dans une culture par métayage amélioré, c'est la patience; on ne saurait trop le répéter.

Les attelages sont encore utilisés pour conduire, sur les jachères et sur les chaumes, soit de la marne, soit de la chaux, soit du fumier. On continue les labours de jachères et l'on ne néglige pas les déchaumages. Les déchaumages ont pour but de faire germer les mauvaises graines qui ont été abandonnées sur le sol. C'est donc une opération des plus importantes. Malheureusement, elle est trop souvent négligée, même par les cultivateurs les plus avancés. On prépare également le terrain destiné aux gesses, aux vesces et surtout au trèfle incarnat. C'est par cette culture que l'on commence les ensemencements destinés à préparer la campagne prochaine. On fera bien de semer partie en trèfle incarnat rouge hâtif, partie en trèfle incarnat rouge tardif et partie en trèfle incarnat blanc, encore plus tardif. On s'assure ainsi un fourrage excellent depuis les premiers jours de mai jusqu'à la fin de juin. C'est un avantage considérable; mais il est, en outre, possible de cultiver, après cette légumineuse, différentes plantes fourragères, comme les choux-vaches ou le maïs, et ce n'est pas non plus à dédaigner.

Au fur et à mesure qu'on conduit du fumier, il faut l'enterrer par un labour et ne pas négliger de donner ensuite de nombreux coups de herse et de rouleau. Je ne me lasserai pas de rappeler que ces mêmes façons sont indispensables à la suite de tous les labours donnés aux jachères.

On peut encore semer, après la récolte des céréales, diverses plantes, soit pour engrais verts, soit pour fourrages d'arrière-saison. Le propriétaire trouvera dans le livre de M. Dezeimeris : *Conseils aux agriculteurs sur l'art d'exploiter le sol avec profit*, de très-précieuses indications à ce sujet. Des cultivateurs fort recommandables sèment, seuls, à cette époque ou en septembre, du sainfoin, de la luzerne et du ray-grass. Ils disent s'en trouver beaucoup mieux que de les mélanger à une céréale d'hiver ou de printemps, au mois de mars précédent. C'est un essai à faire ; mais, avec des colons partiaires, il faut apporter dans toutes les tentatives de nouveautés une prudence et une circonspection extrêmes : plus que jamais les expériences doivent se faire sur une petite échelle. Enfin, il faudra visiter, avec attention, les cultures sarclées et faire disparaître, avec soin, les mauvaises herbes qui ont échappé aux précédents binages.

Quant aux récoltes, on achève la moisson des céréales; on coupe le trèfle et le sainfoin pour la deuxième fois et la luzerne pour la troisième, dans les années favorables. Le maïs, semé en mai et juin, fournit un fourrage vert des plus riches et des plus abondants. On récolte aussi les graines de luzerne et de trèfle. On prend les premières seulement sur les vieilles luzernières destinées à être rompues, l'année suivante et les autres, sur la seconde coupe. Les métayers, qui ne connaissent pas suffisamment la culture du trèfle, récoltent quelquefois leurs semences sur la première coupe. Ils perdent ainsi une partie importante du fourrage, et ils compromettent sérieusement la seconde coupe. En outre, circonstance des plus défavorables, le trèfle est le plus souvent, lors de la première coupe, mélangé à un grand nombre de plantes étrangères. Son intérêt bien entendu commande donc au propriétaire de veiller à ce que ses colons suivent, en pareil cas, les pratiques des cultivateurs les plus expérimentés.

N'oublions pas de mentionner ici que nulle époque n'est plus favorable pour entreprendre les travaux d'assainissement : drainage enfoui, ou mieux, dans les circonstances spéciales qui nous occupent, fossés à ciel ouvert. Après les travaux de la moisson, les ouvriers ne manquent pas; s'ils exigent un salaire plus élevé, la longueur des journées établit une compensation. Les attelages sont libres et la chaleur donne au sol une consistance qui rend les charrois faciles. En outre, il a été possible, avant l'enlèvement des récoltes, de désigner les parties de terrain à assainir au moyen de remarques qui existent encore et qui disparaîtraient certainement avec le temps. Enfin, pour peu que l'on fasse diligence, il sera facile d'avoir terminé pour les emblavures d'automne.

En résumé, dans le mois d'août comme dans le mois précédent, la moindre négligence peut, particulièrement dans les années où la température est pluvieuse, faire gâter du fourrage, germer ou détériorer des grains, c'est-à-dire compromettre le fruit de toute une année de travail. Les métayers déploient un zèle inouï pour sauver leurs céréales; le travail, la peine, les fatigues ne leur coûtent pas en pareille circonstance. Les fourrages sont, hélas! bien loin de leur inspirer la même passion. Le propriétaire se rappellera que les fourrages sont la base la plus sûre et la plus solide de son entreprise. Il portera, de ce côté, tous ses efforts et toute son attention.

Bétail. — Toutes les recommandations précédemment indiquées au sujet de la nourriture et des soins à donner aux chevaux continueront à être strictement observées. J'insiste encore pour que le foin et l'avoine de la nouvelle récolte n'entrent pas dans leurs rations. Si les circonstances obligent à en faire la base de leur alimentation, on ne saurait, je le répète, prendre trop de précautions.

Au fur et à mesure que les prés naturels sont découverts, on peut y envoyer les bêtes à cornes. On économisera ainsi la provision de fourrages verts. Mais il ne faut pas en abuser. Il convient surtout d'éviter que le bétail n'endommage les fossés ou les rigoles d'irrigation. Dans les journées humides, les pieds des animaux laissent, après leur passage, des trous qui dégradent la surface de la prairie et nuisent beaucoup au fauchage l'année suivante. Les bestiaux n'y séjourneront donc qu'autant que les beaux jours le permettront. La tendance de tous les colons sera bien longtemps encore de transgresser cette règle si sage et si prévoyante pour l'avenir. C'est au propriétaire de mettre tous ses soins et de déployer, au besoin, toute sa sévérité pour qu'elle soit rigoureusement observée.

Dans un grand nombre de métairies, on a conservé la coutume vicieuse de conduire les bêtes à cornes dans les bois. Il est bien reconnu aujourd'hui qu'elles leur causent un énorme préjudice, pour ne pas dire qu'elles les détruisent en un petit nombre d'années. Quant à la nourriture qu'elles y trouvent elle est insuffisante et des moins substantielles. Le propriétaire ne doit pas hésiter à interdire au bétail l'entrée de ses bois. Il aura à lutter contre des habitudes tenaces et invétérées. Avec un peu d'énergie, avec quelques ensemencements de légumineuses et de racines, il ne tardera pas à surmonter toutes les résistances.

Au début des améliorations, les métayers ont presque toujours une très-fâcheuse tendance à envoyer leurs bestiaux pacager les trèfles, luzernes ou sainfoins semés au mois de mars précédent, au fur et à mesure que les céréales sont enlevées. Le plus souvent, cette détestable pratique détruit la prairie la mieux réussie. Le propriétaire ne doit jamais oublier que pour être en état de résister à la dent des animaux, ces plantes ont besoin d'avoir pris tout leur développement. Quand il en sera bien convaincu, il ne souffrira pas qu'on les y conduise avant les premières gelées. D'ailleurs, à cette époque, la météorisation est moins à craindre.

Les bêtes à laine feraient tout autant de mal aux prés et aux prairies artificielles. Le mouton leur serait même plus funeste, parce qu'il tond la plante plus près du sol et en arrache davantage. Je sais bien que les auteurs autorisent, dans certains cas exceptionnels, le pâturage des moutons dans les prairies naturelles. Confiant dans leurs recommandations à cet égard, un propriétaire de métairies laissera ses colons y conduire leurs bêtes à laine. Quand plus tard il jugera convenable de les en faire sortir, il aura des difficultés qui lui feront bien regretter d'avoir cédé même par exception. Pour ces motifs, malgré des inconvénients que je reconnais le premier, je n'hésite pas à engager les propriétaires de métairies à ne jamais permettre l'entrée des bêtes à laine dans les prés; d'exiger toujours que les bêtes à cornes en sortent aussitôt que les temps humides seront arrivés; enfin, de ne pas même admettre que le bétail puisse être conduit dans les jeunes prairies artificielles avant la Toussaint.

Au fur et à mesure que la moisson avance, les chaumes nous offrent une ressource aussi économique qu'avantageuse pour la nourriture du troupeau. Dans les années où la nourriture aura été rare, où il aura plus ou moins souffert des maigres pâtures, il ne faudra effectuer le changement de nourriture qu'avec une extrême précaution. Malheureusement, dans toute propriété soumise au métayage, le bétail est plus que dans toute autre condition exposé à passer souvent de la pénurie à une abondance relative. Pour éviter les accidents, il faut opérer la transition avec beaucoup de soin et une grande surveillance

Dans le mois d'août, on évite toujours de faire sortir les animaux par la grande chaleur. Quand on juge qu'ils n'ont pas trouvé dehors une nourriture suffisante, on leur donne dans les râteliers une ration complémentaire de maïs, de trèfle ou de luzerne en vert.

La nourriture des porcs continuera à se composer d'aliments frais, tels que trèfle, luzerne, etc... On peut également leur faire consommer les débris du jardin. Je connais des cultivateurs qui ont planté de l'oseille en bordure le long de toutes les allées de leur potager. Une grande partie de l'année, cette oseille compose un repas de leurs porcs, qui s'en trouvent très-bien. D'autres sèment à la volée, après le dernier binage des betteraves, de la graine de salade, romaine ou laitue. Ces légumes ne gênent pas la végétation de la récolte principale, et ils fournissent à la fin de l'été une nourriture verte que les porcs recherchent avec avidité. — C'est à la fin de février ou au commencement de mars que la vente des porcelets est le plus facile et que les prix sont le plus élevés. Tout métayer qui calculera ses opérations avec intelligence aura soin de faire saillir ses truies portières en août ou septembre au plus tard, de façon à faire naître les produits dans les conditions voulues pour qu'ils soient bons à vendre à l'époque indiquée ci-dessus. Voilà de ces petits calculs qui ne coûtent rien, que ne font pas les négligents et qui transforment une spéculation médiocre en une excellente affaire.

Aussitôt que cela leur est possible, les métayères s'empressent d'envoyer les oies et les dindes dans les chaumes. Le plus souvent, dans un but d'économie des plus mal entendues, elles ne les font pas même garder par un enfant. Aussi, abandonnés à eux-mêmes, ces animaux vont-ils ravager les récoltes encore sur pied. De plus, les oies sont conduites même dans les chaumes qui contiennent les jeunes prairies artificielles. Or, elles ne leur sont pas moins funestes qu'aux prés. Ces inconvénients sont graves; le propriétaire doit y obvier dans la limite du possible. S'il consent à ce que ses colons élèvent des dindes et des oies, il leur défendra, de la manière la plus formelle, de les envoyer dans les prés ainsi que dans les prairies artificielles semées au printemps précédent, et il exigera qu'ils soient gardés avec soin.

Potager. — Verger. — Vigne. — Bois taillis. — Le jardin continue à fournir à la ménagère les provisions de légumes les plus abondantes. Pendant le cours des grands travaux, les ouvriers sont très-nombreux et généralement il faut les nourrir. C'est

7

alors que le métayer recevra la récompense de la peine qu'il se sera donnée dans le potager. Ces bons résultats une fois obtenus, il continuera certainement. Il n'oubliera pas que les graines de la plupart des plantes potagères sont mûres à cette époque de l'année, et il n'omettra pas de les recueillir. Bien entendu, leur production a dû être l'objet de tous ses soins. Il récoltera les haricots et il procédera aux ensemencements, dont il obtiendra les produits à l'arrière-saison. Il pensera à semer les légumes qui doivent passer l'hiver et donner leur récolte au printemps prochain. Le jardin du métayer ne contient pas de plantes exigeantes; les arrosages n'en doivent pas moins être pratiqués toutes les fois qu'ils sont nécessaires, sous peine de perdre en quelques heures les fruits de tous les soins pris dans les mois précédents. Les binages et les sarclages seront fréquents, afin de détruire les mauvaises herbes et de rendre la terre perméable à l'air et à l'humidité.

Le verger fournit aussi, pour une part de plus en plus large, à l'approvisionnement de la ferme. De nombreuses variétés de prunes, de pommes et de poires donnent maintenant des fruits en abondance. On commence également à cueillir des noix vertes. Le verger n'exige pas, ce mois-ci, beaucoup de soins, et c'est fort heureux, car le temps manquerait. Toutefois, il ne faut pas négliger de couper les rejets qui ont poussé au pied des arbres; de soutenir par des étais les branches surchargées de fruits des arbres de plein vent, et de supprimer celles qui gênent la circulation des voitures de gerbes ou de fourrages. En général, il s'agit seulement de brindilles à abattre; mais, s'il fallait couper une grosse branche, il faudrait le faire avec toutes les précautions recommandées en pareil cas.

La vigne aussi laisse toute la liberté possible pour porter ses soins sur les travaux si considérables et si absorbants de la saison. On pratique, cependant, le relevage qui a pour but d'empêcher les grappes de traîner à terre, et souvent il sera bon de donner un quatrième binage à la fin du mois.

L'époque est également venue de tailler les haies et d'enlever les rejets qui se sont développés le long de la tige des arbres d'avenue. Dans son livre l'*Elagage des arbres*, M. le comte des Cars donne les instructions les plus précises sur tous ces travaux. C'est aussi dans le courant de ce mois que l'on récolte les feuilles de certains arbres pour fourrages. Presque tous les arbres peuvent donner des feuilles propres à cet usage. Cependant, l'ormeau et le peuplier fournissent la meilleure nourriture pour les moutons principalement. Ils offrent même, sous ce rapport, les ressources les plus précieuses dans beaucoup de localités. On coupe, tous les trois ou quatre ans, les branches encore chargées de leurs feuilles, lorsque la pousse de l'année est entièrement terminée, et avant que les feuilles ne commencent à jaunir, c'est-à-dire à la fin d'août et dans les premiers jours de septembre. On laisse les feuilles sécher au soleil, en évitant, autant que possible, qu'elles soient mouillées par la pluie. On lie ensuite les branches en fagots et on les rentre bien vite. Durant l'hiver, on les distribue dans des râteliers où les agneaux d'abord, puis les mères les consomment toujours avec une grande avidité. Quand toutes les feuilles sont mangées, on relie les branches en fagots et on les emploie au chauffage. Le plus généralement, les arbres sur lesquels on coupe ces branches sont exploités en têtards. En imposant à ses colons un ouvrier assez habile pour couper les branches sans blesser l'arbre ; en surveillant lui-même avec le plus grand soin toute cette opération, un propriétaire peut laisser récolter les feuilles d'arbres dont il destine la tige à former du bois de service. Les métayers ont une grande habitude de ce genre de travail. Ils désignent sous le nom de *feuillée* cette opération et les fagots qui en sont le produit. Ils appellent encore *feuillards* ces mêmes fagots.

Le propriétaire doit exercer constamment une surveillance minutieuse; souvent, les gens ne deviennent fripons que par suite des occasions qu'on leur en fournit.

Les métayers ont la passion des céréales, passion malheureuse qui est, du reste, partagée par la plupart des cultivateurs français. Le jour où ils auront la même ardeur à produire beaucoup de bon bétail, une révolution sera opérée dans nos mœurs agricoles. Les circonstances sont exceptionnellement favorables pour que cette révolution s'effectue plus vite qu'on n'aurait dû l'espérer; mais, hélas! elle ne se fera pas tout d'un coup. Pendant longtemps encore, ils auront une tendance prononcée à ensemencer en céréales une étendue plus grande que celle fixée par le bail, et à ensemencer, au contraire, une surface moindre que celle destinée par ledit bail à la culture des plantes fourragères. Pour les arrêter, il suffira que le propriétaire ait constamment sous les yeux un plan scrupuleusement exact de leurs emblavures. De cette façon, il lui sera toujours facile de constater que la limite déterminée par le bail va être dépassée. Un simple avis suffira pour en empêcher. En apportant les mêmes soins et la même attention dans tout le reste de son administration, en prenant en toutes circonstances des précautions analogues, le propriétaire-améliorateur obtiendra les mêmes résultats. Par-dessus tout, il évitera les tracasseries qui découragent, il exercera une surveillance minutieuse; mais il ne montrera jamais une défiance qui blesse et crée les antagonismes. Ainsi, il préviendra des défaillances, trop communes à la faiblesse humaine, et, en assurant le succès de son entreprise, il fera le bonheur de son colon et de sa famille.

Je me disposais à insister, comme toujours, pour que les lectures ne soient pas négligées, lorsque j'ai trouvé dans la *Revue des Deux-Mondes*[1] un article intitulé : *Le métayage et la culture dans le Périgord; voyage au château de Montaigne*, par M. A. Audiganne, ancien chef de bureau au ministère de l'agriculture et du commerce. Cette étude a été inspirée par M. Magne, membre du conseil privé, et écrite dans son château même, qui fut le berceau, la demeure et la propriété de l'illustre auteur des *Essais*. Elle prouve une fois de plus que l'éminent homme d'État et l'ancien ministre de l'agriculture a su apprécier toute l'importance du colonage partiaire comme moyen de progrès agricole. M. Audiganne occupe une position très-élevée dans le monde de l'économie politique. La *Revue des Deux-Mondes* est un recueil justement renommé pour le choix sévère des articles qu'il insère et des questions qu'il traite. Elle n'est lue que par les hommes les plus éminents de la France et de l'étranger. Aussi est-ce avec bonheur que j'ai vu un auteur de ce mérite et une revue de cette valeur appeler l'attention publique sur le métayage moderne. Je n'hésite pas à signaler ce travail aux partisans comme aux ennemis de ce mode de faire-valoir. Les premiers y trouveront de nouveaux arguments pour accroître encore leur conviction et pour retremper leur ardeur, si elle était ébranlée. Les autres y rencontreront peut-être des raisons pour modifier leur manière de voir : je le souhaite vivement. Dans tous les cas, je leur promets une étude des plus complètes et des plus intéressantes.

Ouvrages à lire ou à consulter.

PENDANT LE MOIS D'AOUT.

PAR LE PROPRIÉTAIRE.	PAR LE MÉTAYER.
Les matières fertilisantes, par M. G. Heuzé.	*Le porc*, par M. Gustave Heuzé.

[1] Voir la livraison du 1er juin 1867.

MOIS DE SEPTEMBRE [1]

ADMINISTRATION. — Mesures à prendre pour installer la production et la consommation des fumiers dans les conditions les meilleures et les plus économiques.

CULTURE. — *Travaux intérieurs.* — Préparation des semences. — Choix des espèces. — Changer fréquemment les semences.

Travaux extérieurs. — Récolte des graines de gesses, de vesces, de luzerne, de trèfle, etc... — Récolte des pommes de terre. — Ne pas laisser effeuiller les betteraves. — Précautions à prendre lors des coupes tardives de regain, de trèfle, de luzerne, etc...

Semailles de l'orge et de l'avoine d'hiver. — Semailles du seigle, soit pour la graine, soit comme fourrage précoce. — Avantages des ensemencements hâtifs. — Enfouissement des plantes cultivées pour engrais verts.

BÉTAIL. — Préférer, dans les débuts, l'élevage du bétail à l'engraissement. — Éviter le gaspillage qui fait l'abondance d'abord, et la pénurie ensuite. — Précautions contre la cachexie. — La glandée.

POTAGER, VERGER, VIGNE, BOIS, TAILLIS. — Grande abondance de légumes. — Plantations diverses. — Récolte des haricots, de diverses graines, de plantes potagères et des semences de betteraves et de carottes fourragères. — Cueillir les fruits. — Plantations d'arbres fruitiers et forestiers le long des chemins. — Préparatifs à faire pour les vendanges.

A cette saison, les travaux ne laissent ni repos ni trêve aux cultivateurs. Dans les mois de juin, juillet et août, ils ont récolté le fruit de leurs labeurs de toute une année. A peine les fauchailles et la moisson sont-elles terminées qu'ils doivent songer à préparer celles de l'année suivante. Dans le mois de septembre, les récoltes à faire par les métayers sont très-peu nombreuses, mais il faut redoubler de soins et d'activité pour préparer les ensemencements de toutes les

[1] Ce mois a paru dans le *Journal d'agriculture pratique*, numéro du 12 septembre 1867, page 357.

céréales d'hiver. Les métayers ont la passion du blé et des céréales, ils leur prodiguent leurs soins, et, vraiment, ils ne les cultivent pas mal. Le propriétaire n'aura donc qu'à intervenir dans les questions de détail ; mais, c'est par les détails qu'une entreprise échoue ou réussit, et, en métayage, les détails sont tout ou presque tout.

La plupart des colons conduisent leurs fumiers aux champs une fois seulement chaque année, et c'est le mois de septembre qu'ils choisissent pour effectuer ce travail.

Il me semble inutile d'insister beaucoup pour convaincre des énormes inconvénients de cette manière de procéder. Mis en tas ou déposés dans un trou, ces fumiers ne reçoivent pas le moindre soin et restent, pendant douze mois, exposés soit à la pluie, soit au soleil. Aussi, ont-ils perdu la majeure partie de leur volume et de leur puissance fertilisante, lorsqu'ils sont confiés au sol à l'état de beurre noir si apprécié par les vieux cultivateurs.

Le propriétaire qui entreprendra d'améliorer ses métairies devra donc porter d'abord toute son attention sur les fumiers, base de toute culture améliorante. En métayage, il faut toujours simplifier ; on sera plus facilement compris, et le succès sera dès lors mieux assuré. Partant de là, je recommande aux propriétaires de métairies de disposer leurs étables de manière qu'elles puissent renfermer au besoin le fumier de plusieurs mois.

Je connais des vacheries et des bergeries où le fumier reste aussi longtemps ; la santé des animaux n'y a jamais souffert. Je m'empresse d'ajouter que ces étables sont munies de moyens d'aération aussi puissants que nombreux. Dans aucune, les émanations ammoniacales ne sont sensibles. En Limousin, quelques propriétaires font, tous les matins, répandre dans leurs vacheries une petite quantité de phosphate fossile. Ils s'en trouvent parfaitement.

Ces dispositions prises, le propriétaire imposera à ses métayers l'obligation de conduire le fumier, dès le mois de janvier, successivement pour les vesces de printemps, pour les betteraves et les pommes de terre, pour les maïs en vert et pour les choux-vaches. Dans ces conditions, il n'aura pas à songer à ces nombreuses manipulations dont je ne nie certes pas toute l'efficacité, mais qui auraient le tort d'exiger des soins que les colons débutants donneraient bien difficilement. Comme, d'autre part, ces soins entraîneraient à de certaines dépenses, il n'en faudrait pas davantage pour leur faire repousser de toutes leurs forces ces nouvelles méthodes. Inutile d'ajouter que j'ai vu procéder comme je l'ai indiqué dans plusieurs localités sous tous rapports bien différentes et que toujours on obtenait les meilleurs résultats.

En procédant ainsi, la majeure partie des fumiers destinés aux ensemencements d'automne auront été conduits à l'avance. Débarrassés de ce travail, les colons pourront, pendant le mois de septembre, se mettre en mesure d'effectuer très-vite et de bonne heure tous ces travaux si importants et si considérables. Avides d'étendre ces ensemencements autant que possible, désireux d'attendre jusqu'à la dernière limite le fumier produit par leurs bestiaux, disposant d'attelages plus ou moins mal nourris, plus ou moins insuffisants, ils ont l'habitude malheureuse et invétérée de laisser traîner cette opération pendant six semaines ou deux mois; ils ne sont pas libres de saisir le moment le plus favorable, et, dans les années pluvieuses, ils sont forcés de confier leurs semences à un sol mal préparé et de les répandre par une température diamétralement opposée à celle qui serait nécessaire pour réussir. Comment espérer de bonnes récoltes lorsqu'elles ont été préparées dans des conditions semblables?

Ces coutumes sont faciles à modifier en les attaquant avec prudence et persévérance. Le trou à fumier doit être sous le bétail, dans des étables bien aérées; le fumier doit être conduit au fur et à mesure de sa production; il ne doit séjourner que par exception dans les cours; les derniers labours de semailles sont exécutés dans le mois de septembre, et les ensemencements seront effectués avec toute la rapidité possible au fur et à mesure que les conditions les plus favorables se présenteront.

Nous venons de parler des ensemencements, il ne faut pas oublier qu'il convient de préparer les semences le plus tôt possible. A cet effet, on utilise particulièrement tous les jours de pluie. Tout domaine doit aujourd'hui être pourvu d'une machine à battre, d'un tarare et de trieurs. C'est une mise de fonds devant laquelle un propriétaire-améliorateur ne doit pas reculer. S'il veut faire entrer ses colons dans la voie du progrès, il faut absolument qu'il leur donne toutes facilités à cet égard. Il y a vingt ans, le choix de ces machines ou instruments ne laissait pas que d'offrir des difficultés assez sérieuses; aujourd'hui, on n'a que l'embarras du choix, grâce aux immenses progrès réalisés par nos constructeurs, à la suite de l'élan qui leur a été donné dans les concours agricoles.

Mais ici se présente une question qui a son importance.

A quelles conditions un propriétaire doit-il fournir à ses colons ces moyens d'exécuter cette partie de leurs travaux, mieux et plus économiquement? Le système qui se présente le premier à l'esprit consisterait à les comprendre dans le cheptel de fer sans pertes ni profits. Le propriétaire ferait l'avance du prix d'acquisition, les métayers s'en rendraient responsables, vis-à-vis de lui, pour une valeur égale; ils se chargeraient des frais d'entretien et d'amortissement; enfin, lors de leur sortie, ils payeraient après estimation au propriétaire la somme représentant la différence entre la valeur actuelle et le prix d'acquisition. Autrement dit, le propriétaire fournirait le capital et ne réclamerait pas d'intérêts, les colons prendraient à leur charge l'entretien et l'amortissement.

Au premier abord, ce système semble équitable; dans la pratique, il ne l'est pas toujours. Lorsque le jour de l'estimation arrive, les experts, ordinairement des fermiers, ne sont pas toujours d'une équité parfaite pour le propriétaire, ils ne lui accordent souvent qu'une somme insignifiante pour l'amortissement. Il y a quelques mois, j'ai vu fixer à dix francs la perte subie par deux instruments qui avaient coûté, il y a quinze ans, 135 francs, et qui, dans ce long laps de temps, avaient constamment servi. L'un était à peu près hors de service, l'autre était fort usé. Ces faits-là ont l'air d'avoir bien peu d'importance; j'affirme qu'ils portent le découragement chez les mieux disposés.

J'appelle sur ce point toute l'attention des propriétaires que ces questions intéressent. Ils sauront bien trouver une solution qui sauvegarde leurs intérêts. Quant à moi, je ne manquerais pas, en pareille occurrence, de me réserver, dans le cas où les experts ne me sembleraient pas raisonnables, le droit de forcer le métayer sortant à emporter l'instrument et à m'en remettre le prix d'acquisition. Bien entendu, je n'userais de cette faculté que dans le but de ramener les experts à une plus équitable appréciation des choses.

Muni d'une machine à battre, d'un tarare, d'un trieur Vachon et d'un trieur Pernollet ou simplement d'un trieur Marot, le métayer sera en mesure de battre promptement ses céréales et de n'employer que des semences parfaitement nettes de toutes mauvaises herbes. Le propriétaire comprendra l'importance extrême de n'employer que des semences pareilles, et il ne négligera pas de veiller lui-même à leur préparation.

Le choix des espèces à semer n'a pas moins d'importance que la préparation des semences. Aujourd'hui, il n'y a pas de localité dans laquelle un cultivateur, placé à l'avant-garde du progrès agricole,

n'ait fait l'essai des espèces le plus en renom. Le propriétaire-améliorateur devra rechercher celles qui auront donné les meilleurs résultats et faire, au besoin, quelques sacrifices pour amener ses colons
à les introduire dans leurs cultures. Lui-même pourra diriger quelques essais, soit dans sa réserve, s'il a pu en organiser une, soit dans
un coin des terres dépendant de la métairie. Il n'oubliera pas qu'en
général, dans toutes les expériences de ce genre, les meilleurs produits ont été fournis par le mélange de différentes espèces. Tout en
conseillant ces tentatives, je m'empresse d'ajouter que les graines
implantées dans le pays, depuis longues années, offriront toujours une
plus grande sécurité que toutes les autres importées du dehors. Il
convient seulement de les choisir avec tout le soin possible et de les
préparer convenablement. Il sera donc sage d'agir avec une extrême
circonspection, comme toujours, lorsqu'il est question d'une nou-
veauté quelconque.

Beaucoup de cultivateurs sont dans l'usage de changer souvent
leurs semences, et ils affirment qu'ils s'en trouvent fort bien. C'est
encore un essai à faire et à faire dans les meilleures conditions, puisqu'en définitive il n'exige ni grands embarras ni grandes avances.
Cependant je serais bien étonné si ces changements étaient nécessaires dans les exploitations où les minutieuses précautions que nous
avons indiquées sont prises chaque année. Quoi qu'il en soit, il y a
dans les débuts un véritable intérêt à faire renouveler les semences
des colons. Lorsqu'ils achètent, il est possible de leur faire choisir
tout ce qu'il y a de plus beau ; tandis que dans le cas contraire, ils
emploient ce qu'ils ont. D'autres parts, le grain tiré d'une contrée à
sol différent est presque toujours exempt des semences de mauvaises
herbes spéciales à la localité d'où on les importe.

Dans les commencements, ces précautions exigent quelques dépenses et une grande attention. Au bout de quelques années, tout se
simplifie et les choses semblent marcher toutes seules. Avec des colons, il ne faut pas se dissimuler que les difficultés des débuts sont
encore plus grandes que dans les autres circonstances. Les premiers
pas faits, on est étonné soi-même des résultats qu'on obtient. Bien
entendu, la plupart n'en cherchent pas si long ; ils ne donnent aucun soin à leurs semences ; ils prennent au tas indistinctement ce
qu'ils y trouvent : grains gros, petits, cassés ; graines d'herbes adven-
tices, ils n'y font pas attention. Quant à la préparation, le procédé
est des plus grossiers : on jette à la pelle le grain battu au fléau, en
se plaçant dans un courant d'air. Le plus gros grain tombe le pre-

7.

mier et les menues pailles au point le plus éloigné de l'ouvrier. C'est tout à fait primitif. Comment s'étonner, après cela, de la dégénérescence des espèces et des mauvais rendements. Le contraire seul pourrait surprendre. Heureusement, l'expérience m'a prouvé bien des fois qu'un propriétaire, soigneux de ses intérêts et ami du progrès, pouvait, aujourd'hui plus que jamais, avec des sacrifices minimes, modifier ces détestables habitudes.

Après avoir donné des soins aux labours de semailles, à la conduite des engrais, à la préparation et au choix des semences, il faudra songer à la récolte des graines de trèfle, de vesces de printemps, de sarrasin et de maïs ; à celle des pommes de terre, aux ensemencements de vesces, de gesse, d'avoine, d'orge d'hiver et de seigle, ainsi qu'à la fauchaison des regains de prés naturels et de la troisième pousse des luzernes. Il s'agira également de se mettre en mesure de passer bientôt de l'alimentation verte de l'été à la nourriture sèche d'hiver, ce qui a lieu généralement dans le courant de ce mois pour les chevaux, et dans le courant d'octobre pour les bêtes bovines. Enfin, il ne faut pas négliger de passer la revue des instruments aratoires et des véhicules, afin de faire réparer le moindre dommage. Il ne faut pas être désarmé lorsque le jour viendra de procéder aux ensemencements ou de rentrer les racines.

La vesce d'hiver est un fourrage excellent, qu'il soit consommé en vert ou bien desséché. Dans le premier cas, elle constitue une ressource des plus précieuses au mois de mai et de juin, après le trèfle incarnat et avant que le trèfle ordinaire n'ait atteint toute sa croissance. On peut, en outre, lui faire succéder une récolte de choux-vaches ou de maïs en vert. Quand elle est desséchée pour l'hiver, elle laisse le terrain libre à temps pour le faire profiter d'une demi-jachère. La gesse est, pendant l'hiver qui suit leur naissance, très-recherchée par les agneaux nés vers la Toussaint. C'est le fourrage annuel par excellence des mauvaises terres calcaires. Or, c'est précisément dans les pays à moutons que l'on rencontre ces terrains-là. A cette époque, on sème les pois gris ou bisailles, excellent fourrage qui est bien connu et fort apprécié dans la région du Nord, mais qui n'a pas encore été introduit dans le Centre et le Midi. Les semences de ces légumineuses sont, il est vrai, d'un prix très-élevé. Mais on peut les récolter soi-même, et bien soignée, bien préparée, bien fumée, cette culture donne une telle quantité de fourrage, qu'elle le fournit encore aux conditions les plus avantageuses. Pour obtenir ces rendements considérables, il est indispensable de mélanger ces légumineuses avec du seigle ou de l'avoine. La vesce et la gesse ont besoin d'être soutenues pour prendre tout leur développement et pour ne pas traîner sur le sol où elles sont exposées à pourrir. Les graminées leur serviront de tuteur. Malheureusement, les métayers trouvent toutes sortes de motifs pour repousser ce mélange. Voilà les circonstances dans lesquelles le propriétaire doit intervenir pour exiger que cette excellente pratique soit mise en usage.

Pendant de longues années, ces légumineuses annuelles auront un rôle considérable à jouer dans toute culture améliorante par métayers. Malheureusement, les semences coûtent fort cher, et pour en acheter une certaine quantité, il faut débourser une grosse somme. Dans le but d'obvier à ce grave inconvénient, le propriétaire forcera ses colons à récolter eux-mêmes ces graines. Pour payer la part des frais qui lui incombent légitimement, il prendra avec eux les arrangements indiqués au mois de mai au sujet des graines de trèfle, de luzerne, de betteraves, etc., et des binages donnés aux plantes sarclées. Si le propriétaire ne doit pas hésiter à exiger de ses colons toutes les dépenses qu'il juge nécessaires au succès de l'entreprise, il doit s'imposer pour règle absolue l'obligation de leur éviter autant que possible toutes les dépenses inutiles. Toutes les fois qu'il s'agit de dépenses pour achat de graines susceptibles d'être récoltées sur l'exploitation, ce principe ne doit jamais être mis en oubli.

La récolte de ces graines est donc une grosse affaire. S'il ne veut pas que le découragement gagne ses colons, le propriétaire fera bien de protéger par tous les moyens en son pouvoir les champs de trèfle, de luzerne, etc., laissés pour récolter les semences contre les dépradations de toutes sortes auxquelles ils sont exposés. Ces champs ne sont pas encore dépouillés lors de l'ouverture de la chasse. Naturellement, le gibier s'y réfugie de préférence, et les chasseurs ne manquent pas de l'y poursuivre avec acharnement. Eux et leurs chiens parcourent les pièces dans tous les sens. En définitive, ils font si bel et si bien que le jour où le malheureux cultivateur procède au battage, il ne trouve plus ou presque plus de graines. Les chasseurs et leurs chiens les ont toutes fait tomber. C'est une calamité.

La grosse difficulté de la récolte des pommes de terre, ce sont les précautions à prendre pour les conserver aussi parfaitement que possible. Que l'on dispose de caves ou de celliers; que l'on soit obligé de faire des silos, il faut bien reconnaître que la tâche présente toujours de très-sérieuses difficultés. Il convient donc de ne rien négliger pour arriver à un but si désirable. Le choix de l'espèce a, sous ce rapport, une véritable importance. A ce point de vue, il est incontestable que la pomme de terre Chardon a été, dans ces dernières années, beaucoup moins atteinte par la maladie que les autres variétés. M. Dugrip, membre de la Société d'agriculture de la Sarthe, s'en est, depuis très-longtemps, fait le propagateur; on ne saurait trop l'en remercier. Comme il n'y a rien de parfait dans ce bas monde, on reproche à la pomme de terre Chardon d'être un peu grossière pour la consommation des hommes. Les métayers ne sont pas si délicats. Pourvu qu'elle ne se gâte pas, ils seront trop heureux, et ils ne lui en demanderont pas davantage.

Les métayères sont généralement très-portées à effeuiller les betteraves dans le courant de septembre. Elles ont bien vite reconnu qu'une alimentation aqueuse augmente le rendement du lait. Sans se préoccuper de l'avenir, elles n'hésitent pas, quand elles ne disposent pas d'une autre nourriture verte, à enlever souvent un grand nombre de feuilles. Cet usage est très-préjudiciable aux betteraves ; il doit donc être sévèrement proscrit par le propriétaire.

La récolte du regain se fait absolument comme celle du foin. Cependant, la nature plus aqueuse de l'herbe, la chaleur moins forte et les jours moins longs rendent la dessiccation plus difficile. Pour obvier à ces inconvénients, on met par couches alternatives le regain et de la paille d'avoine ou d'orge. En ayant le soin de tasser très-fortement ce mélange, on obtiendra une nourriture très-recherchée par le bétail. Cette méthode peut également être employée avec un très-grand succès, s'il s'agit de vesces tardives ou des coupes de trèfle et de luzerne que l'on fait parfois à l'arrière-saison.

Dans les pays de métayage, les cultivateurs, en général, ne disposent pas de grosses avances. L'avoine et l'orge d'hiver, ont pour eux, cet avantage immense de mûrir plusieurs semaines avant les mêmes céréales cultivées au printemps. C'est une ressource qu'ils sont bien heureux de trouver à la fin de juin pour nourrir leurs nombreux ouvriers et leurs attelages que la besogne va surcharger.

Le métayage domine dans les pays situés au midi de la Loire. Or le climat de ces contrées est tel que les cultures d'automne sont toujours plus sûres et plus avantageuses que celles du printemps. Raison de plus pour que le propriétaire ne néglige rien pour mettre à la disposition de ses colons les moyens de donner à ces cultures tout le développement que faire se pourra.

Je crois inutile d'entrer ici dans de plus longs détails sur la cul-

ture des différentes céréales. Des auteurs plus autorisés se sont largement étendus sur ce sujet. Plein de respect pour les maîtres,
je me garderai bien d'y rien ajouter. Je me bornerai à rappeler
deux principes que les métayers ont eu jusqu'ici bien de la peine à
admettre et à pratiquer.

1° Il faut semer les céréales le plus promptement possible, lorsque
l'époque est venue de procéder à ce travail. Dans toutes les expériences entreprises pour savoir quels sont les effets produits sur les
différentes céréales par les diverses époques de semailles, l'avantage
est toujours resté aux premières semées. Or, nous l'avons déjà constaté bien des fois, en général, le colon n'est jamais pressé. Prévenu,
le propriétaire prendra toutes ses mesures pour lutter victorieuse-
ment contre ces fâcheuses habitudes. Il n'oubliera pas que des
semailles faites dans de bonnes conditions augmentent, dans de très-
notables proportions, les chances de succès de la récolte.

2° Deux céréales ne doivent jamais se succéder l'une à l'autre.
Cette règle peut, dans certains cas exceptionnels, ne pas être rigoureusement observée. Sous l'empire du métayage, il ne saurait en
être ainsi. Sous aucun prétexte, il ne doit y être transgressé. Les
métayers ont toujours une tendance à augmenter les soles de céréales et à diminuer celles de fourrages. Si le propriétaire a le
malheur de céder le moins du monde, il est perdu. Qu'il ne l'oublie
jamais. Toutefois, il se produit, depuis quelques années, un phénomène économique qui peut modifier profondément les idées les plus
enracinées de nos paysans ; je veux parler du prix de plus en plus
élevé de la viande, et de la viande maigre en particulier. Il faut bien
reconnaître que le temps n'est pas encore éloigné où des maîtres de
la science avaient été amenés à dire que le bétail était un mal nécessaire. Aujourd'hui, les métayers eux-mêmes commencent à comprendre que la production du bétail devient de plus en plus avantageuse, tandis que les céréales ne leur donnent pas des revenus aussi
considérables et aussi assurés qu'autrefois. Il est bien probable
qu'aucune circonstance ne viendra, sous ce rapport, modifier l'état
actuel des choses.

Tout en m'exprimant ainsi, je ne saurais dissimuler que je ne suis
pas tout à fait sans inquiétude. Les pauvres cultivateurs ne sont-ils
pas toujours sacrifiés ? En voici un nouvel exemple :

Dans ces dernières années, la production de toutes les denrées
animales n'a plus suffi à la consommation. Leur valeur a augmenté

dans une proportion inattendue. C'était la fortune de l'agriculture française. Négligeant ce côté si grave de la question, uniquement préoccupé du sort des populations urbaines qui demandaient au besoin, la menace à la bouche, la vie à bon marché, le Gouvernement a pris toutes les mesures possibles pour combattre ce phénomène économique. Il n'a pas hésité, entre autres, à favoriser l'introduction du bétail étranger en réduisant à un chiffre insignifiant les droits que les animaux venus du dehors avaient jusque-là acquittés à la frontière. Les résultats ne se sont pas fait attendre.

Le journal le *Courrier des Halles et Marchés*, numéro du samedi 22 février 1868, donne le tableau suivant des importations et des exportations du bétail en 1867 :

	IMPORTATIONS.	EXPORTATIONS.	DIFFÉRENCES.
BŒUFS	106,743 têtes.	36,480 têtes.	70,263 têtes.
TAUREAUX	1,736	533	1,203
GÉNISSES	4,703	870	3,833
VACHES	69,418	11,232	58,186
BOUVILLONS	5,767	265	5,502
VEAUX	33,738	9,621	24,117
Total des bêtes à cornes :	222,105	59,001	163,104
MOUTONS	1,048,955 têtes.	75,501 têtes.	973,454 têtes.
PORCS	113,592	55,350	58,242
COCHONS DE LAIT . .	81,599	25,930	55,669

Au premier examen de ce tableau, on reconnaît aisément qu'il est resté en France une masse de bétail représentant au moins le tiers de l'approvisionnement de Paris, le grand marché régulateur de la France, le marché qui sert de débouchés à plus de la moitié de nos départements et aux départements les plus agricoles, les plus riches et les plus avancés, le marché, par conséquent, dont dépend la fortune de la majeure partie de la France.

Je ne suis pas protectionniste, je n'aime pas plus les droits payés à la frontière que ceux acquittés à la porte des villes ; mais, je suis attristé de voir, dans ce cas, comme dans beaucoup d'autres, l'agriculture étrangère protégée aux dépens de notre agriculture nationale. C'est de la protection à l'envers, sans aucune des compensations qui avaient été si solennellement promises !

Tant que le programme du 5 janvier 1860 n'aura pas reçu une large exécution, ne serait-il pas équitable que chaque animal acquittât, lors de son entrée en France, une somme équivalente au total des impôts de toutes sortes que le cultivateur français paie pour chacun des bœufs ou des moutons qu'il entretient sur son exploitation? Si, dans l'intérêt général, il a accepté le sacrifice des droits considérables qui le protégeaient autrefois, n'y a-t-il pas une criante injustice à ce que le Gouvernement prenne les mesures les plus propres à faciliter aux étrangers les moyens de lui faire la plus rude concurrence. En donnant satisfaction à ce vœu, on créerait à l'État des ressources qui permettraient largement de tripler l'importance du trop modeste budget du ministère de l'agriculture. A en juger par l'usage qu'il fait des fonds dont il dispose, quels résultats n'obtiendrait-il pas, s'il n'était plus constamment entravé par l'insuffisance de ses ressources.

Dans cette hypothèse, il est permis d'espérer que les animaux domestiques deviendront la base de la spéculation préférée de nos colons. Ou je me trompe fort, ou il y a là le germe d'une grosse révolution qui ne saurait tarder à transformer notre agriculture.

La dernière quinzaine d'avril est toujours difficile à traverser. Les choux et les racines sont consommés, la provision de fourrages s'épuise. Dans le but de combler ce déficit de nourriture, le propriétaire prévoyant fera semer par ses colons une certaine étendue de seigle pour être consommé en vert au premier printemps. Le seigle auquel on fournira cette destination doit être semé encore plus tôt que celui destiné à donner du grain et de la paille. Il doit recevoir une très-abondante fumure. Cette fumure ne sera pas perdue. Elle augmentera fortement la production du fourrage, et elle profitera largement à la plante, maïs, choux, sarrasin, par laquelle on remplacera le seigle aussitôt qu'il aura été consommé. Quelques cultivateurs transplantent encore dans le mois de septembre des choux-vaches qu'ils ont semés en pépinières en juin ou en juillet précédent. Ces choux donnent au printemps les plus précieuses ressources fourragères.

Si, pour augmenter la masse des engrais disponibles on a eu recours aux engrais vers, l'époque est venue de les enterrer. On procède à ce travail en faisant passer un rouleau qui couche toutes les plantes dans le même sens et en faisant suivre par la charrue.

Bétail. — L'élevage est la spéculation animale qui convient le mieux aux métayers. Ils ont à peine une nourriture suffisante à leur donner. Il ne serait donc pas raisonnable à eux d'en sacrifier la meilleure partie pour satisfaire une vanité puérile et étaler, le jour de la foire prochaine, une belle paire de bœufs ou un lot de moutons bien gras. Trop souvent, hélas! c'est ainsi que font les métayers, et il faut bien dire que généralement ils sont encouragés dans cette mauvaise voie par leurs maîtres. Le propriétaire-améliorateur se gardera bien de les imiter. Il se rappellera que l'engraissement c'est le superflu et le luxe, tandis que l'élevage c'est le nécessaire.

Dans les pays d'élevage, les foires commencent généralement avec les derniers jours d'août et les premiers de septembre. Lorsque, par suite des premiers efforts, les greniers et les silos renferment une nourriture exceptionnellement abondante, les métayers ont presque toujours une fâcheuse tendance au gaspillage. Ils s'imaginent qu'ils ne verront jamais la fin de leurs provisions. Très-fiers et très-désireux d'avoir leur bétail meilleur que celui de leurs voisins, ils lui prodigueront une nourriture qui ne tardera pas à s'épuiser et les animaux souffriront. Aussi, le jour de la vente venu, ils pourront bien ne pas vendre à des prix plus élevés que les autres. Plus prévoyants, ils auraient d'abord économisé, puis, ils auraient successivement augmenté les rations jusqu'au jour de la foire. De cette manière, les animaux n'auraient jamais souffert; ils auraient été dans les meilleures conditions pour la vente, et, en définitive, la vanité n'aurait pas été moins satisfaite que la bourse. Le rôle du propriétaire n'est pas bien difficile dans cette circonstance. Il n'a qu'à prévenir ses colons et à modérer leur ardeur. Au bout de quelques années, ils auront acquis l'expérience, et ils sauront garder une plus juste mesure.

Les fourrages sont rentrés; les racines sont arrivées à un point tel qu'il est facile d'en évaluer le rendement. Il est donc facile de calculer les ressources de chaque exploitation, d'apprécier la quantité d'animaux qu'on pourra hiverner dans de bonnes conditions, et de décider en parfaite connaissance de cause s'il ne serait pas prudent de profiter des dernières foires pour en vendre une portion. Mieux vaut en réduire la quantité que de risquer de laisser pâtir ses animaux et d'en perdre ou, au moins, d'en diminuer la valeur. *Le bétail bien nourri seul est profitable.* Ce principe est vrai dans toutes les situations. Dans une entreprise de métayage moderne, de son application stricte dépendra le succès; que le propriétaire-initiateur ne l'oublie jamais!

A partir de ce mois jusqu'à la Toussaint, les attelages auront rudement à travailler. Il sera donc prudent de veiller à ce qu'ils soient toujours convenablement soignés et à ce que la nourriture soit suffisamment abondante et succulente. Si les chevaux sont nourris au vert, c'est dans ce mois, au plus tard, que s'opère la substitution du sec au vert. Ce changement doit s'effectuer graduellement en mêlant au fourrage vert un peu de foin, dont on augmente chaque jour la proportion jusqu'à ce qu'il remplace entièrement le vert.

Les vaches laitières continueront à recevoir des fourrages verts qui aident si puissamment à la sécrétion laitière. A cette époque, le beurre est toujours d'excellente qualité ; aussi, les bonnes ménagères font-elles actuellement leur provision d'hiver en beurre salé et fondu.

Les bêtes à laine doivent, moins que jamais, être conduites dans les pâtnrages tant soit peu humides. Elles prennent la cachexie aqueuse ou pourriture plus aisément à cette époque que dans aucune autre saison de l'année. Une excellente précaution à prendre pour éviter cette maladie, c'est de faire consommer au troupeau des aliments secs, le matin, avant de l'envoyer aux champs.

C'est dans ce mois que l'on conduit les porcs dans les bois pour utiliser les glands, les faînes et les fruits sauvages qui tombent.

Le moment approche où il conviendra de vendre toute la volaille que l'on ne voudra pas garder pour la propagation de l'espèce ou pour l'usage de la maison. La volaille forme, depuis une dizaine d'années, un gros revenu pour les métayères.

Potager. — Verger. — Vigne. — Les légumes sont encore abondants, et la table des ouvriers de l'exploitation doit toujours en être largement garnie. Les arrosages n'ont plus besoin de se pratiquer sur une aussi grande échelle. Il est plus avantageux de les donner légers et de les répéter souvent. Comme les nuits commencent à être fraîches, ils auront lieu le matin et dans le courant de la journée. Le métayer aura des choux d'York, des échalotes et de l'ail à planter. Il sèmera des choux, des laitues et du persil. Il récoltera les haricots, ainsi que les graines d'oignons et de poireaux. A la fin de ce mois, les graines de betteraves seront mûres. On coupe les tiges et on les fait sécher à l'abri de la pluie, sous un hangar ou dans un grenier aéré. Lorsque les semences sont sèches, on les nettoie et on les conserve dans un endroit sec.

Dans le verger, on cueille les fruits au fur et à mesure de leur maturité. Pour ceux de garde, cette opération doit s'effectuer avec précaution, par un beau temps et lorsqu'ils sont tout à fait mûrs. Pendant tout le mois, les poires et les pêches, et à la fin les pommes, sont un supplément très-apprécié par toutes les personnes nourries sur l'exploitation. Dans son *Calendrier du Cultivateur*, M. de Dombasle donne la description d'un fruitier portatif qui mérite d'attirer l'attention.

Pour mener à bonne fin une entreprise de métayage moderne, la première condition à remplir est d'établir de bons chemins sur toute la propriété. En général, on dispose ces chemins en allées, et l'on plante, à droite et à gauche, des arbres fruitiers et forestiers. Sans doute, ces arbres ont été plantés pour l'agrément; mais il est possible, au moyen d'un élagage [1] raisonné, de faire acquérir une valeur considérable à leur tige, qui doit toujours être considérée comme le produit le plus précieux des arbres destinés à former des bois de service. On peut commencer les travaux d'élagage aussitôt que la sève s'arrête, c'est-à-dire, vers la fin de septembre, et les continuer jusqu'au printemps.

Si le vigneron a exécuté ponctuellement tous les travaux recommandés dans le mois précédent, il n'aura plus qu'à se mettre en mesure de rentrer, sans difficulté, les produits de son vignoble. Il améliorera ses chemins, si besoin est; il achètera ou fera réparer les cuves, tonneaux et hottes nécessaires; il retiendra un pressoir, ou bien, il fera mettre le sien en état de fonctionner. En un mot, il appréciera sa récolte avec tout le soin possible, et il prendra ses mesures en conséquence.

Intelligence et bonne volonté, ardeur au travail, probité, voilà les qualités que le propriétaire doit demander à un colon. La question de solvabilité doit être considérée par lui comme tout à fait secondaire. — Lorsqu'il s'agit d'affermer un domaine à prix d'argent, un propriétaire, soigneux de ses intérêts, commence, d'abord et avec raison, par se préoccuper des garanties pécuniaires que lui offrent les divers cultivateurs qui se présentent. Il va, pendant un laps de temps plus ou moins long et moyennant une rente annuelle, leur abandonner l'entière jouissance, l'usufruit d'une portion souvent importante de sa fortune. Si le fermier qu'il choisit n'a pas les ressources suffisantes, son domaine périclitera et son capital subira une dépréciation consi-

[1] Voir *l'Élagage des arbres*, par M. le comte des Cars.

dérable. Armé de son bail, ce fermier peut user et abuser du domaine ; s'il n'offre pas de responsabilité, le malheureux propriétaire perdra ses revenus ; il verra baisser la valeur de son immeuble, et il aura mille peines pour l'expulser de sa chose. La question des garanties est donc une grosse affaire pour un propriétaire de biens affermés à prix d'argent.

Au contraire, lorsque le domaine est soumis au métayage, la responsabilité est tout à fait secondaire. Il est de la nature même de ce contrat que le propriétaire doit faire toutes les avances. Le bail qu'il aura consenti, si même il en a consenti un, doit être fait pour une période aussi courte que possible, de telle façon que les deux parties puissent rompre bien vite, si de graves sujets de mésintelligence surviennent entr'elles. Dans ces conditions, le propriétaire s'aperçoit-il que son métayer ne remplit pas toutes ses obligations, il pourra sans peine se séparer de lui assez promptement pour qu'il n'ait pas la possibilité de faire du mal. Tels sont, du reste, les principaux motifs pour lesquels je recommande de ne jamais consentir à de longs baux. Mais, cette recommandation faite, j'insiste, avec force, pour que le propriétaire se sépare de ses colons seulement à la dernière extrémité et pour qu'il les conserve le plus longtemps que faire se pourra. C'est une condition *sine qua non* de succès.

Pour réussir, il ne sera pas moins indispensable que le propriétaire ait été assez heureux pour rencontrer une famille de colons bien doués sous le rapport de l'intelligence, animés d'une grande ardeur au travail, pleins de bonne volonté et réputés pour leur probité à toute épreuve. En effet, dans le colonage partiaire, le métayer doit fournir tout le travail ; de lui dépend donc, en grande partie, l'abondance des produits. S'il est paresseux, s'il ne sait pas effectuer, en temps et saisons convenables, tous les travaux nécessaires, s'il les exécute mal, les résultats de l'opération seront certainement compromis. Les récoltes rentrées, les étables garnies d'un bétail nombreux et bon à vendre, le rôle du colon honnête commence. Si le maître a des motifs sérieux pour ne pas lui accorder sa confiance, nous l'avons déjà dit, c'est un enfer. Grâce au ciel, nos campagnes sont peuplées de familles dans lesquelles les sentiments d'honneur sont encore des plus vivaces. Avec un peu de soin, il sera facile de les trouver.

A ce point de vue encore, il sera utile de développer l'instruction des colons. Aussi je ne manquerai pas, en terminant, d'indiquer de bonnes lectures.

Ouvrages à lire ou à consulter.

PENDANT LE MOIS DE SEPTEMBRE.

PAR LE PROPRIÉTAIRE.	PAR LE MÉTAYER.
Les Voyages de M. le comte Conrad de Gourcy.	*Le Poulailler*, par M. Charles Jacques.
Les assolements, les plantes fourragères et les plantes industrielles, de M. G. Heuzé.	*Causeries sur l'agriculture et l'horticulture*, de M. Joigneaux.
Traité des entreprises de grande culture, de M. Lecouteux.	*Culture améliorante*, de M. Lecouteux.

MOIS D'OCTOBRE[1]

ADMINISTRATION. — Ne pas laisser échapper le moment propice. — Remplacer l'*ariau* par la charrue, la herse, le scarificateur et le rouleau. — Arrangement à prendre avec les colons pour toutes les améliorations non prévues au bail, et en particulier, pour une acquisition de blés des nouvelles espèces.

CULTURE. — *Travaux intérieurs.* — Chaulage des semences de blé.

Travaux extérieurs. — Semailles du froment. — Veiller à ce que les colons répandent la quantité voulue des semences. — Usage des engrais du commerce. — Récolte des betteraves, des carottes, des rutabagas, etc... — Choisir les porte-graines. — Précautions à prendre pour leur conservation. — Récolte des feuilles de choux-vaches. — Tracer les raies d'écoulement. — Curage des fossés. — Dernières réparations aux bâtiments.

BÉTAIL. — Inventaire des ressources en fourrages et en racines. — Vendre le bétail qu'il ne sera pas possible de parfaitement nourrir en hiver. — Conditions auxquelles l'engraissement des bœufs peut être permis par le propriétaire. — Interdire au bétail le pacage dans les prairies naturelles ou artificielles par les temps humides.

POTAGER, VERGER, VIGNE, BOIS, TAILLIS. — Récolte des raisins de treilles. — Arrangements avec les colons pour qu'ils aient soin des nombreuses plantations effectuées sur leur domaine. — Choix des arbres fruitiers. — L'huile de noix, les châtaignes, le cidre. — Vendanges. — Soigner la fabrication du vin.

Après tous les détails dans lesquels nous sommes entrés en nous occupant des mois précédents, nous n'avons pas à nous étendre longuement sur les travaux du mois d'octobre. Il ne nous reste guère qu'à parler des semailles du blé et de l'arrachage des racines. Le cultivateur n'est pas encore arrivé à l'époque où il pourra prendre du

[1] Ce mois à paru dans le *Journal d'agriculture pratique*, numéro du 10 octobre 1867, page 486.

repos ; il doit, au contraire, redoubler de soins, d'activité et d'énergie. Quand le moment est favorable pour semer ou pour rentrer les
racines, il ne doit pas hésiter à imposer momentanément un surcroît
de travail aux hommes et aux attelages. Saisir le moment propice,
tel est souvent le secret du succès ; il ne faut pas le laisser
échapper.

Le propriétaire a dû veiller à ce que ses colons aient préparé leurs
semences avec le plus grand soin ; quant aux façons à donner aux
terrains, il a moins à s'en préoccuper, ils les feront avec passion, avec
amour comme tout ce qui a rapport à la culture du blé. Il lui restera
seulement à les engager à chauler les semences de blé avant de les
confier au sol, si cette pratique indispensable n'est pas encore entrée
dans leurs habitudes, et, dans le cas contraire, à savoir si le procédé
employé par eux donne de bons résultats.

Les métayers ont la manie de réaliser des économies sur les semences, même quand il s'agit du froment, leur culture de prédilection. Il en résulte presque toujours une diminution dans le rendement de la récolte. Il suffira que l'attention du propriétaire soit
éveillée pour qu'il trouve un remède à cette détestable pratique.
L'ancienne coutume de semer sous raies en formant de petits billons
au moyen de l'*ariau* n'est pas moins détestable. Avec la méthode qui
consiste à enterrer les semences à la charrue, il est impossible de
faire vite la besogne : or, la célérité est, en pareil cas, la meilleure des
conditions pour qu'elle soit bonne. La herse et le scarificateur sont
plus expéditifs et doivent être préférés. Je m'empresse d'ajouter
qu'il s'agit là d'habitudes fortement invétérées ; il n'y a que l'action
du temps qui puisse les modifier entièrement. Il ne faudra pas moins
ne laisser échapper aucune occasion de les combattre et de faire connaître aux colons les procédés les plus perfectionnés.

A cette occasion, nous devons rappeler ce que nous avons dit au
mois de février, page 28, sur la nécessité d'avoir souvent recours
aux engrais du commerce. Quelques centaines de kilogr. de guano
répandus à l'automne et plusieurs jours avant l'ensemencement,
sur les pièces destinées à porter une récolte de blé d'hiver, auront
pour résultat d'augmenter le rendement en paille et en grain. Ce
plus fort rendement sera pour le métayer le plus puissant des encouragements. C'est incontestablement le moyen de traduire, de la
façon la plus saisissable par lui et sa famille, le bon effet du nouveau
mode de culture. Le propriétaire n'aura pas moins à se louer de cet
excédant de produits. La vente du blé augmentera les ressources

qu'il pourra consacrer aux améliorations. Employée soit comme nourriture, soit comme litière, la paille contribuera à accroître la masse des engrais. Sous tous rapports, les deux parties n'auront donc qu'à se louer de l'emploi des engrais commerciaux.

Si le propriétaire provoque l'introduction des semences de variétés nouvelles, il fera bien de prendre à sa charge une partie de la dépense extraordinaire qu'elle entraînera. La moindre subvention en argent décide souvent des métayers à introduire les améliorations les plus importantes. Dans une exploitation négligée depuis longtemps, il y a toujours à exécuter une masse énorme de travaux d'une utilité incontestable. Quelque soin qu'on apporte à la rédaction des baux, il n'a pas été possible de les prévoir tous. Au fur et à mesure qu'une circonstance favorable se présente, le propriétaire-améliorateur doit en profiter pour prendre des arrangements avec les métayers, afin de les leur faire exécuter en partie ou en totalité. Or, si le propriétaire n'a pas tout prévu, le colon a bien, de son côté, fait quelques oublis. D'ailleurs, les premiers résultats obtenus feront naître des désirs et des besoins nouveaux. Les métayers feront alors des demandes qui entraîneront le propriétaire à une certaine dépense. Si, pour la légitime rémunération de ces sacrifices, il demande une somme quelconque en argent, il ne l'obtiendra qu'avec infiniment de peine. Le paysan n'aime pas à sortir sa monnaie de la bourse, j'allais dire de la cachette dans laquelle il l'a rangée. Mais autant il se montre avare de cet or qu'il a si péniblement amassé, autant il prodigue volontiers son travail, celui de ses gens et de ses attelages ; surtout, quand il doit en tirer un avantage personnel, comme dans le cas présent. Ainsi donc, ne demander que par exception de l'argent aux métayers ; mais ne jamais rien leur accorder. ne jamais leur concéder un instrument, un chemin, un bâtiment, sans que, de leur côté, ils ne s'obligent à fournir un certain nombre de journées d'hommes et de chevaux lorsque les travaux des champs les laisseront libres, ou, mieux encore, à moins qu'ils ne s'obligent à transporter un certain nombre de mètres cubes de terre ou de pierres destinées à produire une amélioration sur un point quelconque de la propriété. Telle doit être la règle de conduite invariable de tous les propriétaires-améliorateurs. S'ils ne s'en écartent pas, ils feront des merveilles ; ils remueront des montagnes sans dépenses exagérées.

Ces arrangements sont susceptibles des combinaisons les plus variées. Ainsi, dans la partie du département de l'Indre, connue sous la désignation de Champagne, le terrain, très-calcaire et peu profond, convient parfaitement aux vesces d'hiver et aux gesses. Sur six années, le sol reste improductif au moins trois ans, d'après la rotation usitée dans le pays. Il est donc naturel que la pensée vienne au propriétaire, soucieux de ses intérêts et ami du progrès, d'utiliser ces friches immenses en y faisant cultiver par ses colons ces fourrages annuels sur une étendue plus ou moins considérable. Mais la semence est très-chère; s'il leur demande de payer une portion de la dépense, il les trouvera récalcitrants; si, au contraire, il la prend tout entière à sa charge, la plupart montreront un empressement qui l'étonnera lui-même. Mais, qu'il prenne immédiatement ses dispositions pour l'avenir; autrement ce serait un nouveau sacrifice à recommencer chaque année. Il lui suffira d'obliger ses métayers à récolter, tous les ans, les semences dont ils auront besoin, en s'obligeant lui-même à contribuer aux frais dans une proportion déterminée à l'avance. Ainsi, moyennant un sacrifice momentané de quelque importance et une dépense annuelle minime, le propriétaire aura trouvé le moyen d'assurer à son bétail un supplément de nourriture considérable.

Je n'ignore pas que ces arrangements continuels à prendre avec les métayers sont le principal motif de l'antipathie de beaucoup de personnes pour le colonage partiaire. A ces personnes-là, je n'hésite pas à dire qu'elles feront bien de recourir à un autre mode de faire-valoir. Je reconnais que ces négociations ne sont pas toujours bien amusantes, tant s'en faut; mais je les regarde comme indispensables. Elles sont le point de départ de progrès réels et importants; elles multiplient les relations de propriétaire à paysan, et elles offrent au premier l'occasion de convaincre ses colons de l'esprit de justice qui l'anime, ainsi que de son désir de lui faire du bien.

Les semailles des céréales ne doivent pas faire négliger la récolte de betteraves, des carottes, des rutabagas, etc... Pour peu que la récolte soit abondante, on dispose rarement des moyens de mettre ces racines à l'abri dans des caves ou dans des celliers. Il est donc indispensable de recourir aux silos temporaires. Or, si le plus grand nombre des colons ne connaissent pas la culture des plantes sarclées, ils n'ont jamais entendu parler de cette manière de les conserver. L'intervention du propriétaire est encore indispensable. En prenant les arrangements que nous avons indiqués au mois de ma (voir mai, page 64), il a dû mettre tous ces frais à la charge de ses métayers. Il ne doit pas moins exercer la surveillance la plus sérieuse, car la moindre négligence peut perdre une récolte qui sera, pendant tout l'hiver, d'une grande utilité. Il portera donc toute son attention sur la rentrée de ces racines et sur la confection des silos.

Les carottes sont d'une conservation très-difficile ; elles pourrissent très-aisément. Il convient donc de les diviser en silos de dimensions moindres, et de ne pas attendre la fin de l'hiver pour les faire consommer.

Quant aux rutabagas et aux navets, ils peuvent rester en terre une partie de l'hiver. On en arrache chaque jour la provision dont on a besoin. En les faisant consommer de suite, en conservant les betteraves pour l'arrière-saison, on en perd très-rarement, et l'on s'évite des frais d'emmagasinage au moins inutiles.

Dans les métairies où l'on a le soin de recueillir au moins la majeure partie des semences, il faut, au moment même de la récolte, choisir, parmi les plus belles, les racines destinées à porter graines. Naturellement, on met de côté celles qui caractérisent le mieux la variété qu'on désire conserver. Après avoir enlevé les feuilles, sans couper le collet, on les dépose soit dans des caves, soit dans des celliers par lits alternant avec du sable sec. On peut encore les planter dans un sol perméable, à la condition de les couvrir, pendant les gelées, de fumier pailleux qu'on enlève chaque fois que le temps s'adoucit. Au printemps, lorsqu'on n'a plus rien à craindre des gelées, on met en place les porte-graines, en lignes distantes de soixante centimètres.

Aussitôt que les choux laissent jaunir au pied quelques feuilles, on peut commencer la première cueillette. Ce moment est, en général, venu au mois d'octobre. Dans les années sèches, ce fourrage est une ressource très-précieuse. Les feuilles de carottes, de navets, etc..., forment également une excellente nourriture. Toutefois, le feuillage des navets est considéré comme très-météorisant. Il faudra en prévenir les métayers et les engager fortement à prendre leurs précautions en conséquence. Les feuilles de betteraves passent pour peu nutritives et pour légèrement laxatives. Il conviendra donc de recommander aux colons d'avoir le soin de donner un peu de fourrage sec ou de paille aux animaux qui les consommeront. Constatons encore une fois que les métayères sont généralement portées à dépouiller ces plantes de leurs feuilles avant la récolte, et blâmons énergiquement cette pratique qui a pour résultat une diminution considérable dans les produits des racines.

8

Tous ces travaux terminés, les métayers devront se hâter de procéder, avant la germination des grains, au curage des fossés et des rigoles d'écoulement dans toutes les céréales nouvellement ensemencées. Pour leur donner toutes facilités à cet égard, le propriétaire fera bien de prendre avec eux des arrangements analogues à ceux que j'ai indiqués, et de mettre à leur disposition le buttoir-rabot de raies de M. de Dombasle. Cet instrument est excellent et utilisé dans les circonstances les plus diverses. Il semble même qu'il soit destiné à devenir d'un usage général, puisque les maîtres de la pratique agricole en arrivent à recommander, mais en lui faisant subir les perfectionnements les plus considérables, la culture en billons, si répandues dans les pays de métayage.

On a dû faire réparer les bâtiments et les toitures pendant l'été, lorsque les greniers étaient vides; c'est le moment d'en passer une dernière revue. On se hâtera d'effectuer les réparations voulues partout où le froid et l'humidité pourraient pénétrer.

Bétail. — Le mois précédent, nous avons déjà appelé l'attention sur la nécessité de dresser un inventaire de toutes les ressources alimentaires dont dispose l'exploitation. Nous avons insisté avec force pour qu'on procédât immédiatement à la vente des animaux qu'on ne pourrait pas très-bien nourrir pendant l'hiver suivant. La question est tellement importante que je n'hésite pas à y revenir.

Le cultivateur peut actuellement constater l'état des provisions en fourrages et en racines dont il pourra disposer jusqu'au mois de mai suivant. Cette récapitulation doit être de sa part l'objet de son attention la plus sérieuse. Il doit se montrer large dans ses prévisions, car, il ne peut pas savoir comment se comportera le printemps prochain. S'il craint la pénurie, s'il craint de ne pouvoir pas nourrir convenablement tout son bétail, il ne doit pas hésiter à vendre les bêtes défectueuses. Il profitera, pour s'en défaire, des dernières foires qui sont encore bonnes. Dans les premières années, on ne saurait demander aux métayers de semblables soins; c'est donc le propriétaire qui devra s'en charger. Il y procédera de concert avec eux. En très-peu de temps, ils se mettront au courant, et le propriétaire n'aura plus alors qu'à vérifier leurs assertions. Mais, pendant de longues années encore, il devra leur rappeler souvent les principes suivants :

1° Un petit nombre de bêtes bien nourries donnent toujours plus de profit qu'un grand nombre d'animaux qui ne recevraient qu'une alimentation insuffisante ;

2° Rien n'est plus pernicieux pour un cheptel que de le faire passer successivement par des alternatives d'abondance et de disette ;

3° Comme l'époque des ventes arrive avec les beaux jours, comme il y a un immense avantage à ce que les animaux soient alors dans le meilleur état possible, la nourriture doit toujours aller en s'améliorant depuis le commencement jusqu'à la fin de l'hiver. Or, nous l'avons déjà constaté, les métayers ont une déplorable tendance à croire qu'ils n'épuiseront jamais leurs provisions, et leurs greniers sont vides avant l'époque où ils peuvent faire consommer des fourrages verts. Aussi, le bétail, qui était magnifique en janvier, est maigre et défait, quand arrivent les mois de mars et d'avril. Or, un propriétaire soucieux de ses intérêts ne saurait trop le répéter à ses colons, c'est l'inverse qui doit avoir lieu toutes les fois qu'il ne sera pas possible d'entretenir constamment son bétail en bon état.

Les attelages qui ont encore des travaux fatigants à exécuter devront recevoir de bonnes rations, dans lesquelles l'avoine continuera à entrer pour une large part. On peut commencer à leur faire consommer des carrottes, mais en petite quantité.

La nourriture ne manque pas ce mois-ci. Que le bétail les consomme dehors ou au-dedans, on peut compter sur les feuilles de choux, de betteraves, de carottes, etc. Dans les beaux jours, les pâturages sont abondants. Plus que jamais, les bêtes à laine ne sortiront pas si l'atmosphère est chargée de brouillards, si le temps est humide, et, à plus forte raison, s'il tombe de l'eau. Autrement, gare à la cachexie. Dans tous les cas, il sera prudent de leur donner tous les jours du fourrage sec à l'étable, le matin et le soir.

On ménage les bœufs de trait qu'on veut engraisser en hiver, et on leur donne une meilleure nourriture. Déjà, j'ai eu l'occasion de condamner avec force cet usage général, dans les pays de métayage, d'engraisser, chaque année, une ou plusieurs paires de bœufs, un ou plusieurs lots de moutons. L'amour-propre et même l'orgueil du maître et du colon sont surexcités par ces engraissements. Aussi rien n'est négligé pour les faire réussir mieux que ceux de ses voisins. Pendant ce temps, le reste du bétail est complétement négligé, il manque de soins et de nourriture, et, la plupart du temps, il meurt à peu près de faim. Le propriétaire-améliorateur renoncera donc à cette coutume détestable, et s'il fait, à cet égard, des concessions

aux instances de ses métayers, il y mettra pour conditions formelles
que :

1° Les animaux seront en chair ; si, au contraire, ils sont fatigués, maigres, chétifs, il exigera impérieusement qu'ils soient vendus après avoir été remis par un peu de repos et une bonne nourriture.

2° Les fourrages consommés par les animaux engraissés seront largement remplacés au moyen d'achats soit d'avoine, d'orge ou de son, soit de tourteaux de graines oléagineuses. Grâce à cette mesure, l'opération pourra, de ruineuse pour l'exploitation, devenir réellement avantageuse. En effet, elle ne causera plus le moindre préjudice, elle augmentera la qualité et la quantité des fumiers ; enfin, elle donnera un profit à peu près certain, parce que, dès le début, les animaux étaient déjà en bon état, parce que, grâce aux acquisitions de grains et de tourteaux, les rations pourront être très-riches et très-complètes. Dès lors, l'engraissement pourra être conduit très-rapidement, condition sans laquelle il n'est permis d'espérer ni le succès, ni le bénéfice.

Le propriétaire continuera à interdire aux bestiaux l'entrée des prairies naturelles ou artificielles, toutes les fois que le sol sera assez détrempé pour qu'ils y laissent l'empreinte de leurs pieds. Il n'est pas nécessaire d'insister beaucoup pour convaincre des inconvénients graves qui résultent de la pratique contraire. Or, les métayers ne se rendent pas compte du mal qu'ils font, et ils envoyent très-volontiers leurs bêtes à cornes, et quelquefois même les moutons, dans les prés par tous les temps possibles.

Dans certaines exploitations, la monte continue pour l'agnelage tardif. Quand on veut faire naître les porcelets dans le courant de janvier, le moment est venu de conduire les truies au verrat. A cette occasion, j'insisterai sur une observation d'une importance capitale. Les métayers sont toujours trop pressés de livrer aux mâles les jeunes femelles de toutes les espèces. Souvent, ils compromettent ainsi des bêtes qui avaient un très-bel avenir. Le propriétaire devra s'armer de persévérance et d'énergie pour les convaincre, par tous les moyens possibles, que, sous tous les rapports, ils auraient un immense avantage à attendre quelques mois de plus. Si ses conseils à ce sujet n'étaient pas écoutés, ce serait le cas de faire acte d'autorité. L'intérêt en jeu en vaut la peine, puisqu'il s'agit de l'amélioration de tout le bétail de l'exploitation.

Potager. — Verger. — Vignes. — Bois taillis. — Les produits du potager continueront à se récolter en abondance. En entendant ses enfants et ses domestiques faire l'éloge de leur alimentation et la comparer à celle des autres domaines ; en les voyant vigoureux, bien portants et travaillant plus fort que ceux de ses voisins, le métayer se trouvera largement récompensé de ses peines et de ses dépenses. Il redoublera d'ardeur pour préparer la récolte de l'année suivante.

Les treilles dont doivent être garnis tous les bâtiments de la ferme donneront une abondante récolte de raisins. Tout ce qui ne pourra pas être conservé sera servi aux ouvriers ; on leur procurera ainsi un bien-être qu'ils apprécieront fort. Ce bien-être ne coûtera rien au colon, et il contribuera puissamment à les attacher à l'exploitation, ce qu'il faut rechercher par tous les moyens possibles, dans ce temps où les domestiques sont trop disposés à partir sous le moindre prétexte.

Nous avons eu l'occasion d'engager le propriétaire à planter le long des chemins d'exploitation des arbres fruitiers et forestiers. Dans cette circonstance, le propriétaire fera bien de prendre encore des arrangements avec ses métayers pour assurer le succès de ses plantations. Pour les engager à en avoir soin, il fera bien de leur promettre une petite récompense pour tous les arbres notoirement réussis au bout d'un certain nombre d'années fixé à l'avance. L'appât de cinquante centimes par arbre en sauvera un très-grand nombre des déprédations des enfants et des bêtes. En réalité, ce surcroît de dépense sera une économie véritable. Telle est une des mille combinaisons dont un propriétaire pourra user ; à lui de trouver la meilleure ; mais, qu'il ne néglige pas de recourir à quelque chose d'analogue, ou bien il aura certainement à le regretter.

Quant aux arbres fruitiers à préférer, il convient de recommander surtout les pommiers à cidre, et, suivant les localités, les noyers ou les châtaigniers. Les noix fournissent une huile que les paysans apprécient fort. D'abord, elle est bonne et saine ; ensuite, ils se procurent leur provision sans aucun déboursé. Or, nous savons qu'ils n'aiment pas à sortir leur argent de leur bourse. Quant aux châtaignes, bêtes et gens les mangent avec plaisir et ne s'en lassent jamais. Le cidre est toujours utile aux métayers ; mais, dans les années où le vin est rare et cher, il devient une ressource des plus indispensables.

Si le cidre est une ressource qu'il ne faut pas négliger, le vin res-

8.

tera toujours la boisson par excellence. Le mois d'octobre est l'époque
la plus ordinaire des vendanges. Dans les localités où la culture de
la vigne n'est pas générale, le propriétaire sera encore obligé de
leur apprendre la meilleure manière de fabriquer le vin. Dans le
plus grand nombre de nos pays vignobles, il y a, sous ce rapport,
d'immenses progrès à réaliser. Que le propriétaire-améliorateur se
mette donc au courant des meilleures méthodes, et il reconnaîtra
que s'il n'est pas possible de produire partout des vins de Bordeaux
ou de Bourgogne, il n'est pas douteux qu'on ne puisse améliorer
considérablement nos vins ordinaires, Convaincue de ce fait, la Société d'agriculture de Châteauroux vient de répandre à de très-
nombreux exemplaires une notice sur la vinification. La rédaction
en a été confiée à M. Bouault, directeur de la ferme-école du département. M. Bouault est un Bourguignon et un des adeptes les
plus fervents du docteur Guyot. Il sera facile de le reconnaître. Je
ne puis mieux faire que de reproduire ici ses conseils :

« Laisser achever complétement la maturité du raisin avant de
vendanger ; ne pas couper les raisins froids et mouillés par la pluie
ou la rosée ; rejeter les raisins verts ou pourris; récolter rapidement
de manière à emplir la cuve dans la journée.

« Les cuves seront placées de préférence au rez-de-chaussée, dans
un local fermé, un magasin, une remise — non dans les caves. Le
cuvage à la cave est *dangereux* et plus lent. S'assurer de la propreté
parfaite de la cuve, qui sera lavée à l'eau claire, à plusieurs reprises,
dans la semaine qui précédera la vendange.

« Transporter le raisin entier de la vigne à la cuverie ; écraser
parfaitement la vendange à la main ou à pieds nus, avant de la
mettre dans la cuve. L'opération est plus convenablement faite au
pied de la cuve qu'à la vigne.

« Ne pas emplir complétement la cuve ; laisser un vide d'environ
trente centimètres ; couvrir la vendange avec un couvercle de planches
légères entrant à l'aise, que l'on peut charger de grosses pierres pour
empêcher le marc de trop s'élever; tenir la cuverie fermée, pour
empêcher le refroidissement de la température pendant la fermentation.

« Aussitôt que la fermentation tumultueuse diminue sensiblement,
retirer le couvercle, visiter le dessus du marc, enlever toutes les
parties solides qui pourraient se trouver altérées, si peu que ce soit;
fouler, c'est-à-dire, plonger le marc dans le vin en l'enfonçant avec

un bâton, et mêler le tout exactement comme au moment de la mise en cuve.

« Douze ou quinze heures après, quand la séparation du marc et du vin est complète, tirer le vin sans attendre davantage ; porter immédiatement le marc sur le pressoir ; mélanger dans les tonneaux le vin de presse au vin de goutte. Donner les plus grands soins à la propreté parfaite des futailles, dont le mauvais conditionnement est une des causes principales de l'altération des vins. Les fûts neufs sont les meilleurs ; rejeter tous ceux qui ont contenu des boissons de grappes ou toute autre chose que du vin, et dont le bois est imprégné de mauvais goût.

« Laisser, si faire se peut, les tonneaux nouvellement pleins dans un lieu sec et chaud, plutôt qu'à la cave ; boucher après quelques jours, quand toute fermentation apparente a cessé ; remplir tous les jours, tant que les fûts sont ouverts, et tous les mois ensuite ; n'employer pour remplissage que du vin de même qualité et bien sain.

« Descendre le vin à la cave avant les gelées ; soutirer à clair au mois de février ou de mars et continuer à remplir exactement. »

Le propriétaire ne doit jamais oublier que si les paysans ne tiennent pas un grand compte et de leur temps et de celui de leurs gens ou de leurs attelages, ils ne délient pas volontiers les cordons de leur bourse.

Le jour n'est pas éloigné où, plus instruits et plus aisés, ils auront appris à tenir des comptes. Alors, ils sauront apprécier la valeur du temps à son juste prix. En attendant, et lorsqu'on aura à prendre des arrangements avec eux, il conviendra de leur réclamer soit du travail, soit des objets en nature, jamais de l'argent. De cette manière, ils contribueront volontiers aux dépenses, même dans de larges proportions. Le propriétaire dispose là d'un levier spécial, sans doute, mais, sans contredit, très-puissant. Qu'il sache donc s'en servir, et les résultats, s'ils ne se produisent pas sur-le-champ, n'en seront pas moins certains.

Certes, il ne faut pas espérer que les métayers subiront, en quelques années, la transformation profonde que nous voudrions voir s'opérer en eux. Des siècles les ont fait ce que nous les trouvons aujourd'hui ; il n'est donc pas surprenant que beaucoup de temps soit indispensable pour les faire actifs, intelligents et instruits.

Dans le but de faciliter la transition, le propriétaire, animé du feu sacré, ne manquera pas de profiter de la liberté relative dont jouissent les cultivateurs à cette époque, pour décider son colon et sa femme à envoyer le plus intelligent de leurs enfants pratiquer, dans une exploitation renommée par son beau bétail et sa belle culture, les grands travaux des binages de racines, de fauchaisons et de moissons. Durant l'été, ce jeune homme serait occupé aux travaux de l'extérieur; l'hiver suivant, il deviendrait vacher ou berger, suivant la spéculation principale du pays qu'il habite. Il me semble inutile d'insister beaucoup sur les énormes avantages qu'il en retirerait, surtout s'il pouvait, en même temps, suivre le cours d'adultes professé par l'instituteur de la commune voisine. Rentré après cet apprentissage dans sa famille, il y introduirait certainement des pratiques utiles au double point de vue de la culture et de la direction du bétail. Je sais par expérience que le propriétaire trouvera nos plus célèbres cultivateurs disposés à lui venir en aide dans cette circonstance, en recevant le jeune homme aux meilleures conditions possibles.

Convaincu qu'il réussira, s'il le veut bien, je ne manquerai pas de lui recommander plus que jamais de veiller toujours à ce que ses colons utilisent leurs loisirs en faisant ou en se faisant faire de bonnes lectures.

Ouvrages à lire ou à consulter.

PENDANT LE MOIS D'OCTOBRE.

PAR LE PROPRIÉTAIRE.

L'économie rurale de la Grande-Bretagne, par M. Léonce de Lavergne.

PAR LE MÉTAYER.

Notions usuelles de médecine vétérinaire, par M. A. Sanson.

MOIS DE NOVEMBRE [1].

ADMINISTRATION. — Veiller à ce que les gens et les attelages ne perdent pas de temps. — Dresser un plan de travaux pour la morte-saison.

CULTURE. — *Travaux intérieurs.* — Visite aux magasins à racines. — Battages des céréales.

Travaux extérieurs. — Confection et entretien des chemins. — Enlèvement des pierres répandues à la surface des terres. — Transport du fumier. — Marnages. — Terrages. — Préparer les constructions et les réparations à faire au printemps. — Tracé et entretien des raies d'écoulement. — Labours d'hiver. — Soins aux prairies naturelles. — Récolte des feuilles de choux-vaches.

BÉTAIL. — Budget des ressources en nourritures diverses. — Mesures à prendre pour en tirer le meilleur parti possible. — Nécessité du pansement pour tous les animaux. — Propreté et aération des étables. — Organiser un parc auprès des bergeries.

POTAGER, VERGER, VIGNE, BOIS TAILLIS. — Labours d'hiver dans le jardin. — Récolte pour les approvisionnements d'hiver. — Effectuer les plantations d'arbres fruitiers ou forestiers. — Repiquage dans les vides des bois taillis, dans les clairières et dans les chemins de vidange. — Commencer l'exploitation aussitôt que la végétation a cessé. — Dans les vignes, enlever les échalas; donner la façon d'hiver. — Surveillance des celliers et des caves. — Ouillage.

Comme février, novembre est une époque de transition. Dans le premier cas, le printemps succède à l'hiver et ramène l'activité aux champs. Dans le second, au contraire, l'agriculteur passe de la saison tempérée à la saison rigoureuse. Aussi, à moins d'exceptions, heureusement fort rares, comme 1867, le calme revient avec le mois de novembre. Après toute grande dépense de force, le repos est aussi

[1] Ce mois a paru dans le *Journal d'agriculture pratique*, nuro du 7 novembre 1867, page 619.

nécessaire aux bêtes qu'aux gens; mais, le métayer actif et intelligent, ou, à son défaut, le propriétaire, n'oubliera pas que les domestiques à l'année représentent, comme les attelages, un gros capital. Il saura bien leur trouver de la besogne et éviter des chômages ruineux. Il les emploiera à réparer les chemins, aux transports de toutes sortes, aux labours d'hiver, au curage des fossés, rigoles et sillons d'écoulement, à la récolte des navets, des topinambours et des choux, à la préparation des matériaux quand des constructions seront prévues pour le printemps prochain, au battage des grains, à la préparation de la nourriture des animaux en coupant les racines, en hachant la paille ou le foin, si ces excellentes pratiques sont déjà introduites dans la métairie, enfin, à tous les travaux qu'exige l'amélioration des prairies naturelles.

Si la propriété ne fait que débuter dans la voie des améliorations, tous ces travaux seront aussi considérables que variés. Or, dans les débuts surtout, les colons ne disposent pas de moyens d'action bien puissants; il sera facile de reconnaître qu'il ne sera pas possible d'exécuter tous ces travaux durant l'hiver qui commence, quelque diligence que l'on déploie, quelque bonne volonté qu'on y mette. Il faudra donc que le propriétaire et le métayer s'entendent ensemble pour déterminer les plus urgents; autrement dit, ils devront dresser un plan de travaux pour la morte-saison. Sans aucun doute, par suite d'une foule de circonstances qu'on ne peut prévoir, ce plan subira de nombreuses modifications. Il n'en sera pas moins utile comme aide-mémoire, comme exposé général de l'état des choses.

Telles sont les règles qui doivent guider le propriétaire et ses colons dans les années ordinaires. Quand les circonstances atmosphériques auront été aussi contraires qu'elles le sont depuis le commencement de la campagne actuelle, lorsque le cultivateur même le plus actif sera arrivé aux derniers jours d'octobre sans avoir pu commencer ses ensemencements de blé, il sera bien forcé de faire subir à ces règles de nombreuses modifications : les travaux de semailles, l'arrachage des betteraves et autres racines se prolongeront fort avant dans le mois de novembre. Il est rare que de semblables contre-temps se produisent dans les proportions où ils sont venus accabler, en 1867, le malheureux agriculteur; mais, il faut bien compter avec eux et ajouter les circonstances atmosphériques extrêmement défavorables aux mille et mille difficultés du métier.

Les semailles tardives sont donc parfois une nécessité. La rentrée tardive des racines force également à prolonger les semailles, lors-

qu'on veut faire succéder une céréale à ces récoltes. Les céréales
semées dans ces conditions courent risque d'être au moins endom-
magées par les gelées hâtives au moment où le grain est en lait.
Néanmoins nous devons reconnaître qu'il y a des années où l'on
obtient ainsi les plus beaux produits. Les métayers indolents,
qui sont toujours en retard, ne manquent jamais de vous rappeler
un fait de ce genre, lorsque vous les engagez à se hâter davantage.
Le propriétaire n'en doit pas moins exiger, au besoin, des ensemencements hâtifs, parce qu'ils seront d'un succès plus certain.

Dans les années pluvieuses, comme 1867, le propriétaire soigneux
devra, plus que jamais, veiller à ce que ses métayers ne perdent pas
un instant, lorsque le temps est favorable. Il ne négligera aucun
moyen d'empêcher les eaux surabondantes de séjourner dans les
terres destinées à une culture d'automne.

Que des difficultés extraordinaires surgissent, il faudra bien arriver d'une façon ou de l'autre à les surmonter. Quand une fois le
moment sera venu, le propriétaire devra, d'abord, songer à la confection des chemins nouveaux et à l'entretien des anciens.

Aujourd'hui, bien peu de domaines se trouvent si complétement
isolés, qu'un chemin vicinal au moins n'ait été tracé à une distance
plus ou moins rapprochée et ne soit convenablement entretenu par
la commune voisine. Il n'y a donc plus qu'à avoir soin des chemins
plus spécialement destinés à l'usage particulier de l'exploitation.
C'est elle qui les use; il est donc juste qu'elle les répare. Heureusement les transports sont forcément restreints et ne peuvent pas leur
faire subir de bien grandes détériorations. Aussi suffit-il presque toujours d'avoir recours aux procédés les plus simples; ce serait du
luxe d'employer, en pareil cas, ceux des ponts-et-chaussées. On commencera par ouvrir à droite et à gauche des fossés qui sont aussi indispensables à l'assainissement du chemin qu'à celui des terres voi-
sines; car, si l'eau séjourne sur les empierrements, il ne sera pas
possible d'obtenir un bon chemin. Les terres provenant de ces fossés seront enlevées sur-le-champ, ou employées au nivellement du
chemin. Ces travaux exécutés, on pourra, la plupart du temps, se
contenter de remplir de pierres cassées les ornières, au fur et à mesure qu'elles se formeront. Je pourrais citer une propriété où près de
trois kilomètres de chemins sont ainsi entretenus; les transports y
sont actifs; les colons voiturent la pierre; le propriétaire solde tous
les autres frais, et ils ne s'élèvent pas à deux cents francs. Cette faible dépense permet de réaliser sur 200 hectares des économies énor-

mes; on serait étonné du total, si, en semblable matière, il était possible de totaliser avec une approximation tant soit peu exacte.

En même temps qu'on améliore les voies de communication, il faut procéder à l'enlèvement des pierres qui se trouvent à la surface de toutes les pièces, en particulier, de celles qui ont été semées au printemps en prairies artificielles. Ces pierres sont transportées sur les chemins où elles servent soit à leur confection, soit à leur entretien. Si l'on néglige cet épierrement, on éprouvera beaucoup de perte à la coupe des fourrages, à cause des difficultés que les pierres opposent à la marche de la faux. En résumé, cette opération est doublement avantageuse, et le propriétaire, comme son métayer, s'en trouvent bien. On ne saurait donc trop la recommander dans les terrains pierreux.

Les chemins mis en bon état et munis de leurs approvisionnements, il faut songer à transporter les fumiers, aussitôt que l'état de la terre le permet, sur les soles destinées aux cultures du printemps, aux racines en particulier. Il ne faut pas négliger les marnages ainsi que les terrages ayant pour but soit le nivellement du sol, soit son amélioration. Ici encore l'intervention du propriétaire est indispensable. Il paye l'extraction et le chargement de la terre ou de la marne; le colon prend à sa charge la conduite et le soin de faire écarter les voitures.

Dans toutes les métairies, les bâtiments sont insuffisants et fort mal entretenus. Si la nécessité d'une réparation ou d'une construction neuve a été reconnue, il faut avoir la précaution de commencer de suite à apporter le sable, la chaux, les bois de charpente, la pierre de taille et même le moellon, quand il ne gèle pas. Le propriétaire doit s'ingénier pour éviter que tous ces transports ne nuisent aux travaux de la culture proprement dite. Au printemps, ces travaux sont nombreux; ils sont vraiment compliqués pour de pauvres métayers dérangés dans leurs habitudes et déroutés par toutes les nouveautés qu'on exige d'eux. Autant que possible, il convient donc de ne pas les compliquer encore. A cet effet, il sera bon, si la température le permet, de commencer les fondations aussitôt que les ensemencements d'automne seront terminés. Ce sera de la besogne de moins pour le mois de mars suivant.

Le moment est encore très-bien choisi pour entretenir les moyens d'écoulement et pour en pratiquer de nouveaux partout où le besoin s'en fait sentir. Dans bien des localités, les métayers sont encore assez insouciants pour ne pas veiller, par tous les moyens en leur pouvoir, à ce que l'eau ne séjourne pas dans leurs terres. Ils ne se rendent pas compte que, nues ou emblavées, elles souffrent également du séjour prolongé de l'eau. Le propriétaire ne doit pas hésiter à intervenir. S'il ne s'agit que d'un travail de quelques heures, il le fera exécuter devant lui par les colons eux-mêmes, soit à la main, soit au moyen du rabot de raies et des attelages. Frappés des résultats obtenus, les métayers ne négligeront plus ces soins dès la deuxième ou la troisième année, au plus tard. Si, au contraire, un grand fossé est nécessaire, il le fera ouvrir à ses frais ; mais il exigera que les colons enlèvent sur-le-champ les terres qui en sortiront. A aucune condition, il ne consentira à ce que ces terres soient mises en dépôt le long de ce fossé ; elles y feraient beaucoup plus de mal que le fossé ne pourrait produire de bien. Autrefois, on ne prenait pas toutes ces précautions. Les terres, ainsi laissées en dépôt, donnaient trop souvent au terrain la forme d'une cuvette. Que de terres, que de prés surtout, naturellement de bonne qualité, ont été, de cette manière, à peu près perdus ! Le propriétaire soigneux ne manquera pas de faire enlever également tous les gîts des anciens fossés. Il s'appliquera à faire disparaître les concavités du terrain et à donner le plus possible à sa surface la forme convexe.

En même temps qu'on exécute ces travaux extraordinaires, il ne faut pas négliger de donner les labours d'hiver aux terres argileuses ou calcaires, soit en jachère, soit destinées aux récoltes de printemps. L'action combinée de la pluie, du soleil et de la gelée remplace si bien celle de la herse et du rouleau, que l'on ne fait jamais, en pareil cas, suivre la charrue par ces instruments. C'est même l'action de ces agents atmosphériques qui constitue l'avantage sérieux des façons d'hiver. Lors des ensemencements de printemps, une simple culture au scarificateur, qui coûte beaucoup moins qu'un labour à la charrue, met les terres ainsi labourées à l'automne dans un bien meilleur état que si on les travaillait seulement dans cette saison. Malheureusement ces pratiques ne sont pas usitées dans les pays de colonage partiaire. Les propriétaires ne sauraient trop user de toute leur influence pour les y faire adopter le plus tôt possible. Les métayers ne manqueront pas d'objecter que leurs troupeaux trouvent sur les terres en friche une partie de leur nourriture. Il sera facile de leur répondre en leur faisant cultiver quelques hectares de betteraves, par exemple. Ces racines constitueront une nourriture infiniment préférable à l'alimentation maigre et incertaine fournie par les jachères durant la morte-saison. Le scarificateur n'est pas connu da-

9

vantage, et rien n'est plus difficile que l'introduction d'un instrument nouveau. Qu'il se trouve, dans un même canton, vingt propriétaires bien convaincus et bien résolus, et ils surmonteront aisément la difficulté. Réduit à ses seules forces, le propriétaire le plus énergique et le plus persévérant sera bien obligé de céder quelquefois.

La nourriture du bétail, telle doit être la constante préoccupation du propriétaire qui entreprend d'améliorer ses domaines en conservant les cultivateurs indigènes. A ce point de vue, les prairies naturelles doivent d'autant plus attirer son attention qu'elles ont été jusque-là très-négligées. Les prés et les bois n'ont pas besoin qu'on s'en occupe, la nature se charge de tout en leur faveur. Il n'y a pas bien longtemps que cette maxime était très-généralement regardée comme un axiome par les propriétaires de métairies. Cette opinion tend fort heureusement à se modifier tous les jours. Je pourrais citer des propriétaires qui soignent leurs bois et qui s'en trouvent fort bien. J'en connais d'autres qui assainissent leurs prés, qui les fument ou les amendent, et qui doublent ou triplent leurs revenus.

Nous avons déjà dit et nous ne saurions trop répéter que le parcours du bétail doit être interdit dans les prés et pâturages le jour où les pluies d'automne ont détrempé le terrain. Mais le mois de novembre est souvent beau et sec; dans ce cas, les eaux sont très-basses; on en profite pour pratiquer les travaux d'assainissement, les chaulages, les terrages et les marnages. Bien entendu, s'il s'agit de prés sujets aux inondations, on ne répandra pas ces amendements tant que la saison n'en sera pas passée. On répare les rigoles d'arrosement, et l'on en ouvre de nouvelles. Comme toujours, les métayers feront les charrois; les autres dépenses regarderont le propriétaire seul, puisqu'il s'agit d'améliorations foncières.

Ces travaux ont pour but d'augmenter la nourriture disponible dans un avenir plus ou moins prochain. Actuellement, les navets, les topinambours et les choux formeront la base de l'alimentation du bétail. Ces légumes permettront de réaliser sur la provision de betteraves des économies qui seront bien utiles à la fin du printemps. Ces plantes résistent très-bien à la gelée; elles n'exigent donc aucune dépense pour leur conservation; on procède à leur récolte au fur et à mesure des besoins. La cueillette des feuilles de choux doit être faite avec précaution pour ne pas nuire aux pousses nouvelles qui se développent rapidement par les temps doux. Le propriétaire devra enseigner à ses colons, qui naturellement les ignorent, les précautions à prendre, et il devra en diriger et surveiller les premières applications. Il faut bien avouer que, dans les débuts surtout, tous ces soins seront bien minutieux pour eux. Avec le temps, leur intérêt personnel aidant, ils s'y feront, et le propriétaire ne tardera pas à s'étonner lui-même des résultats qu'il obtiendra sous ce rapport.

Les jours de pluie, le colon visitera les silos dans lesquels il vient d'emmagasiner sa récolte de racines, et il procédera au battage des céréales.

Quelque soin qu'on ait mis à la confection des silos, il se produit souvent des mouvements et des tassements de terre qui occasionnent des crevasses et peuvent compromettre le contenu. Le remède est facile, et il faut le pratiquer aussitôt qu'on s'aperçoit du mal. Les celliers et les caves où l'on conserve des racines demandent également à être visités avec soin. Aussi longtemps que les grands froids ne sont pas venus, on tient ces lieux ouverts et bien aérés.

Quant au battage, les machines à battre permettent aux métayers d'effectuer ce travail long et coûteux, les jours de pluie, en y employant leurs domestiques et leurs attelages. Autrefois, leur personnel et leurs chevaux ne faisaient rien ces jours-là; aujourd'hui, ils en tirent un excellent parti. Aussi considèrent-ils, en général, que les battages ainsi exécutés ne leur coûtent rien, et regardent-ils ces machines comme très-avantageuses. Le propriétaire peut, dès lors, exiger qu'ils s'en procurent une; mais, il doit diriger leur choix, ne reculer devant aucune démarche et même devant aucune dépense pour diriger ce choix sur la meilleure. Pour les engager à faire cette acquisition à leurs frais, il ne doit pas hésiter à en prendre une partie à sa charge comme l'installation ou le port. Généralement, cette acquisition rend nécessaire le bâtiment destiné à abriter au moins le manége; il doit en prendre son parti et le construire. Si les métayers n'ont pas d'argent disponible, le propriétaire en fera l'avance, et, dans la plupart des cas, il fera bien de renoncer aux intérêts de ses fonds. Le propriétaire a des dépenses si nombreuses et si considérables à faire qu'il doit s'efforcer de mettre à la charge de ses colons toutes les acquisitions semblables. Il aura bien l'occasion d'employer ses ressources disponibles à des améliorations d'une utilité plus générale pour la propriété. Dans certains cas, il y aura lieu de prendre des arrangements analogues à ceux que nous avons étudiés au mois de septembre, page 113 de ce volume.

Quoi qu'il en soit, la chose importante, c'est que les colons aient à leur disposition une machine à battre et tous les instruments indispensables aujourd'hui pour nettoyer à fond leurs blés. La tâche du propriétaire-initiateur ne sera pas terminée. Il faut encore qu'il apprenne à ses colons à se servir de ces machines et instruments. Ainsi il leur recommandera de bien veiller à ce que le mouvement ne soit pas tantôt trop rapide, quand le charretier donne le coup de fouet, tantôt trop lent lorsque, par négligence, le charretier n'active pas ses chevaux. Il leur démontrera pratiquement que, dans d'autres conditions, le battage est un mauvais battage et que beaucoup de grains restent dans les épis lorsque la batteuse ne tourne pas à vitesse convenable ; enfin, il leur prouvera qu'il est indispensable de mettre au service de ces machines le nombre d'hommes et la force en attelages qui sont nécessaires pour en obtenir tout l'effet utile, sous peine de perdre un temps considérable hors de rapport avec l'économie réalisée. Comment de pauvres métayers, qui n'ont jamais entendu parler de mécanique, pourraient-ils connaître ces excellents principes, si l'on ne les leur enseignait pas? Contrairement à une opinion trop généralement répandue, ils sont loin de manquer d'intelligence ; mais, ils ne peuvent pas deviner des règles que les hommes les plus instruits ignorent souvent.

Dans les fermes à céréales, la paille fournira, pendant longtemps encore, une ressource très-importante pour la nourriture de leur bétail. Comme il mange toujours plus volontiers la paille fraîche, il est bon de ne battre qu'à mesure de la consommation les grains dont la paille doit passer par les râteliers. Les métayers se placent toujours à ce point de vue quand ils demandent à ne pas faire battre, en une seule fois, leur récolte par une machine à vapeur. On ne saurait les blâmer dans cette circonstance.

Le 11 novembre, jour de la Saint-Martin, est, dans un grand nombre de localités, l'époque où les métayers changent de domaine. Tout propriétaire, soigneux et ami du progrès, aura dû prendre, à l'avance, ses dispositions pour que la transition s'effectue de telle manière que la prospérité de l'exploitation en soit le moins possible atteinte. Nous sommes entré, aux mois d'avril, de mai et de juin, dans de trop longs détails sur les précautions à prendre, en cette circonstance, pour que nous ayons besoin d'y revenir.

Bétail.— Pendant ce mois-ci et une partie de celui qui va suivre, les métayers qui n'ont pas encore de grandes provisions dans leurs greniers, continuent à envoyer leurs bêtes à laine et même leur gros bétail dans les pâturages. Nous avons déjà indiqué toutes les précautions à prendre pour qu'il en résulte le moins d'inconvénients possible. Nous ne saurions trop insister à ce sujet. Les précautions dont il s'agit ont une importance capitale et les métayers sont trop portés à les négliger. Il n'en faut pas moins se préoccuper, dès la Toussaint, de l'organisation de la nourriture du bétail pendant l'hiver. Comme le dit très-bien M. Rieffel : « *Dans tous les cas, la prévoyance en novembre empêchera la pénurie en mars.* »

« .... Si les fourrages manquent, il vaut mieux diminuer le bétail « que de conserver des animaux sans valeur. Mais ce qui vaut « mieux encore, c'est de créer des fourrages de plusieurs sortes, et, « en abondance, afin de ne jamais en manquer. »

Nous ne répéterons pas toutes les indications que nous avons données sur la nécessité d'établir un budget sur les bases les plus larges, afin que des circonstances imprévues ne viennent jamais surprendre et faire souffrir le bétail. Nous nous bornerons à recommander, une dernière fois, aux métayers de ne pas laisser gaspiller la nourriture par leurs domestiques, toujours trop prodigues dans les commencements. Qu'ils veillent bien surtout, à ce que les auges et les râteliers soient vides après chaque repas. Autrement, il y aurait perte, et cette perte deviendrait considérable, parce qu'elle se renouvellerait souvent.

La préparation de la nourriture et les différentes combinaisons entre les divers fourrages ont aussi une énorme importance. Le propriétaire ne peut pas compter sur ses colons pour qu'ils tirent, à ce point de vue, tout le parti possible de leurs ressources alimentaires. C'est à lui d'étudier cette question si grave et malheureusement encore si neuve, soit dans les livres, soit dans les exploitations les mieux tenues et les mieux dirigées.

Dans les domaines soumis au métayage, l'emploi des hache-paille, des coupe-racines, des fosses à fermentation, est à peine connu. Le propriétaire ami du progrès et de ses intérêts devra évidemment faire tous ses efforts pour les introduire successivement dans ses métairies. Comme il aura commencé par donner un certain développement à la culture des betteraves, carottes, etc., le besoin d'un coupe-racines ne tardera pas à se faire sentir. S'il considère la nourriture fermentée comme une bonne chose, il pourra habituer ses métayers à cette pratique en leur disposant des cases dans un coin quelconque. Ils mélangeront les betteraves et les topinambours découpés en tranches minces, par couches alternatives, avec la menue paille des céréales. Les métayers comprendront bientôt tous les avantages de ce procédé, et lorsque le jour sera venu d'introduire le hache-paille, ils seront tout disposés à faire des fermentations sur une plus large échelle, à y employer d'abord leurs pailles et les mauvais foins, puis tous leurs fourrages. C'est ainsi qu'en procédant avec suite et persévérance, un propriétaire pourra peu à peu amener un jour ses colons, d'abord si arriérés, à faire l'agriculture la plus avancée et à montrer dans leurs étables un beau et nombreux bétail.

A propos du bétail, les métayers ont, suivant les localités, les plus singulières préférences. Là où on laboure avec des bœufs, ces animaux reçoivent tous les soins et les bêtes chevalines sont laissées dans un état voisin de la misère. Bien entendu, la réciproque est vraie pour certaines autres localités. Les soins de la main sont convenablement donnés tantôt aux chevaux, tantôt aux bœufs. Mais ils sont totalement négligés sur le malheureux animal que l'usage local repousse. A très-peu d'exceptions près, les vaches ne connaissent nulle part la brosse et l'étrille. Or, le pansement est indispensable à tous les animaux domestiques. Encore une fois les métayers n'y croient pas, et un très-grand nombre de leurs maîtres n'y attachent pas plus d'importance. Le seul exercice que puissent prendre ces animaux consiste à courir dans les cours aux heures où ils vont boire. Pendant qu'on prépare leur nourriture, les bêtes à laine sortent dans les parcs qui doivent toujours faire partie d'une bergerie bien organisée. En résumé, les animaux vont rester plusieurs mois sans aller dans les champs. Il est donc indispensable que leurs étables soient tenues parfaitement propres et aérées, en évitant toutefois les courants d'air. Malheureusement, beaucoup de propriétaires en sont encore à croire qu'il convient d'enfermer les animaux dans des étables chaudes et sans couvertures. On ne comprend pas comment les pauvres bêtes n'y étouffent pas, et surtout comment elles ne sont pas plus souvent malades.

J'ai recommandé de donner aux étables une disposition telle qu'il soit possible d'y laisser le fumier de plusieurs mois, et de supprimer ainsi toutes les manipulations du tas de fumier et de la fosse à purin. A la condition expresse que ces mêmes étables seront munies de moyens d'aération nombreux et puissants, je persiste à engager les propriétaires de métairies à adopter cette disposition. Mais tant que cette installation ne sera pas faite, on ne doit pas hésiter à enlever le fumier tous les jours des écuries et des étables à bêtes à cornes, et tous les mois, des bergeries. *En entrant dans une étable, on ne doit jamais être incommodé par les vapeurs ammoniacales.* C'est une règle que les métayers négligent trop généralement.

Voilà des progrès énormes à réaliser, et ceux-là ne coûtent qu'un peu d'attention. Pourquoi n'est-il pas possible d'en dire autant de tous les perfectionnements dont notre agriculture nationale aurait un besoin si urgent ?

C'est maintenant qu'on sent tout le prix d'étables suffisamment spacieuses pour que les bêtes ne souffrent pas des émanations impures, et tellement disposées que le service en soit commode et l'aération assurée. Le propriétaire ne doit rien négliger pour arriver à ces résultats. Les bons modèles de constructions rurales sont nombreux aujourd'hui. Il lui sera donc facile d'éviter les erreurs en les étudiant d'abord dans les livres et les journaux et en allant les étudier de près sur les lieux mêmes. Il sera toujours le bienvenu, grâce à cette confraternité si précieuse qui existe entre tous les agriculteurs.

Lors des battages, il convient de prendre les mesures les plus rigoureuses pour que les volailles n'envahissent par la grange. Les métayères sont généralement portées plutôt à leur en favoriser l'accès qu'à le leur interdire, surtout lorsqu'elles profitent seules des produits pour la totalité ou pour la majeure partie. Quelques observations sévères suffiront presque toujours pour modifier ces fâcheuses habitudes.

Aux prix actuels des bestiaux, un propriétaire qui s'inspirera de toutes les recommandations que nous avons faites jusqu'ici ne tardera pas à constater que le produit des spéculations animales représente dans ses revenus une part égale à celle des grains. Lorsque ses métayers en seront bien convaincus, et il sera facile de le leur faire remarquer lors des règlements de compte, ils seront définitivement gagnés à la cause du progrès. Mais, pour arriver à ces magnifiques résultats, il faut résister aux métayers qui ne trouvent jamais suffisante l'étendue de leurs domaines; il faut savoir mesurer la surface de leurs exploitations aux bras et aux ressources pécuniaires dont ils disposent.

M. Rieffel insiste, à ce sujet, avec force auprès des propriétaires de grandes terres qui cherchent à augmenter leurs revenus. Aux exemples que cite le vénérable directeur du Grand-Jouan avec l'autorité qui lui appartient si légitimement, je pourrais en ajouter d'autres pris en Limousin. J'y connais, en effet, des métairies qui donnent à leur propriétaire un revenu net d'impôts de 100 fr. par hectare. Elles ont de 20 à 25 hectares d'étendue.

Potager. — Verger. — Vigne. — Tous les travaux sont maintenant terminés pour les récoltes de l'année ; on commence à préparer, pour les semailles du printemps prochain, les terres qui ont besoin de l'action des gelées pour s'ameublir. Le jardinier doit surtout porter son attention sur les récoltes, afin de pourvoir aussi largement que possible aux approvisionnements de l'hiver. Les métayers savent généralement conserver les choux ; ils viennent de pratiquer l'ensilage pour les racines destinées à leurs bestiaux ; ils sauront bien employer, avec succès, les mêmes procédés dans le but de conserver les carottes, navets, betteraves, etc., que le jardin aura produits pour leur propre consommation l'hiver. Quant aux choix des porte-graines, les principes sont les mêmes, qu'il s'agisse de plantes de grande culture ou de jardinage ; seulement, dans ce dernier cas, il faut encore plus d'attention et de soins.

Nous avons recommandé de planter, le long des chemins, des arbres fruitiers ou forestiers. On peut commencer, en novembre, ces plantations. Dans les terrains secs et légers, la réussite est d'autant plus assurée que la plantation se fait plus tôt. Dans les sols argileux et humides, au contraire, il vaut mieux attendre la fin de l'hiver ou le commencement du printemps. Quelle que soit l'époque choisie, il sera préférable d'ouvrir en automne les trous destinés à recevoir les arbres de manière que la terre qui en sortira ait le temps de s'ameublir et de s'aérer. Avec cette précaution, la reprise des arbres sera plus assurée. On donne un labour d'hiver aux plantations effectuées durant les années précédentes. Si la température est douce, on pourra pratiquer le chaulage sur les arbres couverts de mousse et de lichens.

Dans les propriétés où les bois ne sont pas négligés, l'époque est venue de repiquer les vides, les clairières, les chemins de vidange. On ne saurait choisir une époque plus favorable. De toutes parts, on se met en mesure de commencer l'exploitation des coupes de l'année aussitôt que toute végétation aura cessé ; aussitôt que les premières gelées auront déterminé la chute des feuilles, il faut se hâter afin de se réserver la faculté de cesser l'exploitation si la gelée ou la neige surviennent en décembre ou en janvier.

Dans le courant de ce mois, on enlève les échalas des vignes, et on donne la façon d'hiver. Le cellier et la cave appellent la surveillance constante du vigneron, car il faut remplir les futailles contenant le vin nouveau au fur et à mesure qu'elles se vident. C'est cette opération qu'on appelle en terme de métier : *l'ouillage*.

Le propriétaire, qui organise une entreprise de métayage moderne, doit prendre toutes ses mesures pour que, sous aucun prétexte, l'étendue de ses métairies ne dépasse la surface à laquelle le colon, secondé par sa famille, pourra donner tous les soins exigés par une bonne culture.

Ce principe important du métayage moderne ne pouvait pas être rappelé avec une plus grande opportunité. Nous avons, en effet, eu l'occasion de constater que, dans un grand nombre d'exploitations soumises au colonage partiaire, les changements de métayers s'opèrent à la Saint-Martin ou le 11 novembre de chaque année.

C'est donc dans ce mois-ci que le propriétaire aura une décision définitive à prendre au sujet de l'organisation de ses métairies. Qu'il ne cède pas aux instances de ses métayers nouveaux, et il n'aura plus tard qu'à s'en féliciter. Les paysans ne trouvent jamais leurs domaines assez étendus. Car, dans bien des cas, le revenu d'une propriété a augmenté, dans une très-forte proportion, par le seul fait de sa division en plusieurs métairies.

A toutes les personnes qui, en qualité de fermiers ou de propriétaires, songent à se mettre à la tête d'une exploitation et à y pratiquer la culture la plus intensive, tous les auteurs font la même recommandation : mesurer exactement l'étendue aux ressources disponibles, non-seulement en bras et en argent, mais encore en activité et en aptitude. Que de fois j'ai vu des hommes actifs, laborieux et intelligents subir des échecs cruels, malgré les efforts les plus honorables, parce qu'ils n'avaient pas les capitaux nécessaires pour satisfaire à tous les besoins d'un domaine trop vaste. Il ne faut pas oublier qu'entre une exploitation de 30 hectares produisant cent francs de revenu net par hectare, et une autre donnant une perte de dix francs seulement, par surface égale, il y a un abîme, et, cependant, au fond, la différence est bien peu sensible. D'un côté, avec la même somme, rien ne manque, et tous les comptes se balancent par un chiffre presque suffisant pour faire vivre honorablement toute une famille. De l'autre, les avances à faire au sol sont incomplètes et les résultats sont une perte. Avec le temps, cette perte amènera les emprunts. Or, la conséquence naturelle et prochaine des emprunts, c'est la ruine.

9.

Ouvrages à lire ou à consulter.

PENDANT LE MOIS DE NOVEMBRE.

PAR LE PROPRIÉTAIRE	PAR LE MÉTAYER
L'Economie rurale de la France, par M. Léonce de Lavergne.	*Concours élémentaire d'agriculture,* par M. Victor Borie.
Conseils aux agriculteurs, par Dezeimeris.	*Éléments d'agriculture,* par Bodin.
Mélanges d'agriculture, par Girardin.	*Métayage,* par de Gasparin.
Causeries sur l'agriculture et l'horticulture, par Joigneaux.	*Fermage,* par de Gasparin.
	Les Bergeries, par M. Grandvoinnet.

MOIS DE DÉCEMBRE [1]

ADMINISTRATION. — Veiller à ce que les gens et les attelages soient
constamment occupés. — Interdire tous charrois pour compte
d'autrui. — Comptabilité.

CULTURE. — *Travaux intérieurs.* — Visite aux fenils, aux granges et aux greniers. — Utilisation des soirées d'hiver. — Bottelage du foin et de la paille.

   Travaux extérieurs. — Transports de fumier. — Labours
d'hiver. — Travaux pour faciliter l'écoulement des eaux. — Irrigations.

BÉTAIL. — Eviter les refroidissements. — Aérer les étables. — Ne
les entretenir ni trop chaudes, ni trop froides. — Préparation
de la nourriture. — Achever l'engraissement d'un porc destiné
à améliorer l'ordinaire des gens de la ferme.

POTAGER, VERGER, VIGNE, BOIS TAILLIS. — Labours d'hiver. — Défoncements. — Transports de terres et de fumier. — Elagage
des arbres fruitiers en plein vent. — Chaulages pour détruire
les mousses et les lichens. — Dernières plantations d'automne.
— Fabrication de l'huile de noix. — Taille hâtive de la vigne.
— Provignage. — Dans les bois, travaux pour faciliter l'écoulement des eaux. — Continuer l'exploitation.

Dans un grand nombre de domaines soumis au colonage partiaire,
le mois de décembre est encore une époque de repos absolu. Tous
les jours, cette inaction ruineuse tend à cesser; mais ce n'est pas en
quelques années qu'une révolution si profonde peut s'opérer dans des
habitudes invétérées. Ces habitudes sont, d'ailleurs, si commodes
pour les gens et pour les bêtes, qu'une nécessité impérieuse et le
temps peuvent seuls les modifier complétement.

Autrefois, les métayers recherchaient des transports de bois, de
minerais, de denrées, qui variaient suivant les localités, à effectuer
dans la mauvaise saison. Ils y fatiguaient les animaux de trait, ils y

[1] Ce mois a paru dans le *Journal d'agriculture pratique*, numéro du 19 décembre 1867, page 806.

ruinaient les véhicules de toute sorte, et ils gardaient le profit pour eux. Sous tous les rapports, l'opération était désastreuse pour le maître. C'était, du reste, le moindre des soucis du métayer ; quant au propriétaire, comme il ne s'occupait jamais de son domaine que pour en retirer le plus gros revenu possible, il n'avait que ce qu'il méritait, il recevait la juste récompense de sa déplorable négligence.

Aujourd'hui les propriétaires comprennent plus généralement qu'ils ont des devoirs à remplir vis-à-vis de leurs terres ; que Dieu leur en a donné la jouissance pour leur plus grand agrément, sans aucun doute, mais aussi à titre onéreux. Ils font des constructions nouvelles ; ils créent des chemins ; ils curent et creusent des fossés ; ils exécutent des transports de marne, de chaux, de terres dans les champs ; ils munissent leurs colons d'instruments et de machines qui leur permettent de procéder au battage et au nettoyage des grains ; ils veillent à la conservation des silos ; ils décident leurs métayers à conduire les fumiers dans les pièces destinées aux betteraves et aux carottes, toutes les fois que la gelée le permet ; ils achètent des engrais et des amendements dont le transport s'effectue pendant l'hiver ; enfin, ils font exécuter des défrichements de landes, de prairies naturelles, vieilles ou mauvaises, et de luzernières. Naturellement, les colons ont, dans tous ces travaux, la plus large part ; dès lors, ils ne doivent plus compter sur les loisirs de l'ancien temps.

Parmi ces travaux, les uns constituent des améliorations foncières ; les autres concernent la culture proprement dite. Pour les améliorations foncières, le propriétaire prendra toutes les dépenses à sa charge ; les métayers feront tous les charrois. Les opérations de culture regardent ces derniers seuls ; le maître n'a qu'à donner la direction et à chercher par tous les moyens en son pouvoir à améliorer les anciennes pratiques de ses paysans. Toutes les fois que l'occasion s'en est présentée dans les mois précédents, je suis entré sur ces différents points dans les plus grands détails ; je crois inutile d'y revenir ici.

Les greniers et les chambres à grains doivent encore attirer toute l'attention des propriétaires, ainsi que l'état des toitures qui abritent les granges et les greniers.

Dans un grand nombre de métairies, la conservation des grains s'effectue dans les plus déplorables conditions. Souvent il n'y a même pas de greniers spéciaux, et, quand il en existe, ils sont mal disposés, mal organisés. Aussi, le charançon et l'alucite y exercent-ils les ravages les plus considérables. L'absence de soins ou des soins mal entendus développent encore ces insectes destructeurs. Leur présence indique donc presque toujours une exploitation mal tenue. Pour apporter à ce fâcheux état de choses un remède efficace, le propriétaire-améliorateur installera des greniers commodes, vastes et bien aérés ; il fera fermer par un maçon les joints et les crevasses, pour ne leur laisser ainsi qu'aux rats et aux souris aucun repaire ; enfin, il exigera de ses colons qu'ils entretiennent leurs magasins avec une excessive propreté. Si, malgré ces soins, les grains viennent à s'échauffer, il faut les soumettre à la ventilation énergique d'un tarare et les vendre au plus vite. Puis, on s'abstiendra, pendant toute une année, d'en déposer d'autres dans les mêmes greniers ; on lavera les planchers et les murs plusieurs fois et l'on parviendra, grâce à ces mesures énergiques, à se débarrasser une bonne fois du charançon et de l'alucite, ces malfaiteurs qui ont causé la gêne et même la ruine d'un grand nombre de pauvres métayers. Bien entendu, les granges doivent être l'objet des mêmes soins ; autrement, on s'exposerait à ne faire la besogne qu'à moitié, et, tôt ou tard, tout serait à recommencer.

La conservation des fourrages doit également être de la part du propriétaire-améliorateur l'objet de sa constante sollicitude, s'il ne veut pas s'exposer à perdre les fruits de tant de peines et de dépenses. Que de fois la provision d'hiver a été en partie perdue dans des métairies plus ou moins négligées, parce que quelques tuiles manquaient à la couverture ! Heureusement, il suffit de la moindre vigilance pour apporter un remède efficace. Toutefois, il faut bien reconnaître qu'il est difficile, sinon impossible, d'aller sur les toits exercer une surveillance sérieuse sur les ouvriers. Beaucoup en abusent et font si bien que ces réparations finissent par coûter fort cher. Le propriétaire fera donc bien de passer, toutes les fois que l'usage local le lui permettra, un traité d'abonnement avec un maître-couvreur. Ce maître-couvreur s'obligera à entretenir les toitures en bon état moyennant une somme fixe, et il saura bien réduire la dépense au minimum. A ce sujet, je crois devoir mentionner ici que la plupart des métayers préfèrent pour la couverture de leurs bâtiments de ferme les roseaux et la paille. Ils ne manqueront pas, dans les débuts, de dire au propriétaire que le chaume maintient les étables plus chaudes en hiver et plus fraîches en été ; qu'il abrite mieux les récoltes contre l'ardeur du soleil, la pluie, le brouillard et surtout la neige. Naturellement ils feront auprès de lui les instances les plus vives pour qu'il emploie les roseaux ou la paille au lieu de la tuile ou de l'ardoise. Il ne devra pas hésiter à leur refuser positivement toute concession à cet égard. Dans la plupart des localités, la tuile et l'ardoise coûtent aujourd'hui moins cher que la paille et les roseaux ; en outre, elles offrent, au point de vue des incendies, une sécurité relative, telle que, dans certaines communes, on en est arrivé à interdire l'emploi du chaume par arrêté municipal.

Déjà nous avons eu l'occasion de constater qu'il y avait à tous les points de vue une énorme économie à conduire les fumiers dans les champs au fur et à mesure de leur production. On a dit avec raison que le fumier était pour le cultivateur ce que le capital est pour le commerçant, et l'on a ajouté avec plus de raison encore que le cultivateur ne devait pas plus laisser ses fumiers improductifs que le négociant habile ne laisse dormir ses capitaux dans sa caisse. Le propriétaire, bon administrateur, devra donc décider ses colons à conduire tous les engrais disponibles pendant les jours de gelée et de neige ; il les fera diriger sur les pièces destinées à porter l'année suivante des récoltes sarclées. Une fois que ces pièces auront reçu la quantité d'engrais voulue, le reste sera conduit sur la jachère, et, pour ne pas laisser ces engrais sans produire jusqu'à l'époque des semailles, on y cultivera des fourrages annuels qui, sans épuiser le terrain et même en le nettoyant, fourniront, pendant les chaleurs de l'été, une ressource des plus précieuses. En procédant ainsi, le métayer fait d'avance une notable partie de sa besogne du printemps, époque à laquelle le temps lui manque presque toujours. Mais pour que cette pratique produise tous les bons effets sur lesquels on peut légitimement compter, il est indispensable que les fumerons soient épandus sans le moindre retard. Cette précaution prise, le fumier peut rester sur la terre plusieurs mois sans être enfoui. Si elle était négligée, les pluies et les fontes de neige le laveraient et feraient profiter seulement quelques points isolés de son action bienfaisante.

Nous avons également recommandé aux métayers les labours d'hiver. Nous ne saurions trop insister à ce sujet. Toutes les fois que le sol peut porter les attelages, il convient de labourer les terres sur lesquelles la gelée a de l'action. Sur de semblables terres, rien ne peut remplacer l'action des agents atmosphériques pour obtenir leur complet ameublissement. Ces façons-là sont les seules qui ne doivent pas être suivies d'un hersage ou d'un roulage. Plus la surface sera inégale, mieux le but sera atteint.

Le métayer soigneux continuera à veiller à ce que l'eau ne séjourne nulle part; à cet effet, il ne manquera pas de procéder au curage des fossés et des raies d'écoulement; il en ouvrira même de nouveaux partout où le besoin s'en fera sentir.

Dans la plupart des pays de colonage partiaire, les journées pluvieuses, les longues soirées d'hiver sont utilisées. On procède à l'égrenage du maïs, au cassage des noix destinées à la fabrication de l'huile, etc.... les femmes filent le chanvre ou la laine nécessaire à l'exploitation; les hommes réparent les outils, les instruments, les machines, les meubles, les râteliers et les mangeoires; dans certains cas, ils en fabriquent même des neufs. Voilà des usages que le propriétaire encouragera par tous les moyens en son pouvoir. Dans quelques localités, malheureusement plus rares, on procède au bottelage du foin et de la paille. Rien ne peut remplacer cette opération pour éviter le gaspillage, mais il faut reconnaître qu'il s'écoulera bien du temps avant qu'elle devienne d'un usage général parmi les agriculteurs avancés, à plus forte raison parmi les métayers. Ce n'est pas un motif pour le propriétaire-améliorateur de se décourager. Le temps a modifié bien des choses depuis vingt années dans l'agriculture des colons; il ne sera peut-être pas si difficile que cela paraît au premier abord de leur faire adopter le bottelage, d'abord de tous les fourrages que leurs domestiques pourront lier à leurs moments perdus, c'est-à-dire sans frais, puis, de la totalité par des ouvriers spéciaux quand ils en auront pu apprécier les réels avantages.

Avec la meilleure volonté, il ne sera pas toujours facile d'effectuer toutes les améliorations dont les prairies naturelles auront besoin. Comme elles seront toujours la base la plus sûre de tous les progrès agricoles, il ne faudra pas hésiter à faire toutes celles qui seront possibles. Rarement employée, la pratique des irrigations est, en général, fort peu connue et très-mal appréciée. Quelques soins, quelques travaux d'assainissements, quelques rigoles tracées partout où l'eau pourra être conduite amèneront bien vite dans les produits un accroissement qui récompensera largement des peines et des dépenses.

Comptabilité. — Des comptes régulièrement et exactement tenus sont devenus une nécessité pour les agriculteurs comme pour les commerçants. Avec des colons ils sont indispensables. C'est le seul moyen de leur inspirer la confiance sans laquelle une entreprise de métayage amélioré serait tout à fait impossible.

Dans son *Manuel des propriétaires de métairies*, M. Rieffel a donné les indications les plus complètes sur l'organisation de sa comptabilité avec ses métayers du Grand-Jouan. M. Bignon, bien connu par les succès si remarquables qu'il obtient sur sa belle terre de Theneuille, a décrit le système qu'il suit dans le mémoire que la Société du Berry a couronné au commencement de 1866. Avec de pareils maîtres, tout propriétaire qui voudra s'en donner la peine pourra s'organiser une comptabilité appropriée aux circonstances spéciales dans lesquelles il se trouvera. Je crois devoir appeler également l'attention sur la comptabilité organisée par M. Querqui, membre du conseil gédéral de la Vendée et propriétaire au château de Puybelliard, canton de Chantonnay. M. Querqui consacre tous ses soins à l'amélioration d'une magnifique terre de 850 hectares, divisée en vingt exploitations. Depuis 1859, il les prend sous sa direction, au fur et à mesure que les baux arrivent à expiration. Au lieu et place des fermiers à prix d'argent, il installe des colons partiaires et il s'en trouve très-bien. Aussi, n'a-t-il pas hésité à soumettre six de ses métairies au jugement de la commission chargée de décerner la prime d'honneur dans le département de la Vendée. Ses comptes de métayage ont été particulièrement remarqués. Désireuse de la signaler d'une manière spéciale aux propriétaire d'une contrée où domine ce mode de faire-valoir, la commission a, lors du concours régional de Napoléon-Vendée, en 1864, décerné une médaille d'or à M. Querqui pour son système de comptabilité.

Ce système est décrit par M. Querqui lui-même, dans les termes suivants :

« Avec une propriété très-étendue et très-divisée, il me fallait nécessairement un chef agricole chargé de veiller sur les ventes et les achats ; chargé, surtout, de faire exécuter les cultures que j'indiquais, tous les ans, sur chaque exploitation. Pour que toutes les forces employées concourussent à la réussite de mon entreprise, son traitement a été fixé à tant pour cent du revenu net. Un registre formant album contient sur chaque feuille toutes les terres d'une métairie. Chaque pièce de terre est indiquée par son nom cadastral. A gauche du nom, se trouve la contenance ; à droite, se trouve une série de cases ayant au haut de la page le nom des années, depuis 1860 jusqu'à 1875. Je vois donc, quand j'indique la culture de l'année, quelle était, pour la pièce de terre où j'opère, la culture ou les plantes mises les années précédentes, afin de ne pas ramener trop souvent la même plante.

« La culture de chaque métairie, arrêtée pour chaque ferme, pour tout le cours de l'année, est remise à mon chef agricole, qui en laisse une copie au métayer et veille à ce que l'on fasse ce que j'ai décidé. Si le métayer a des réclamations à faire, c'est à moi qu'il les adresse, soit pour changer, soit pour modifier la culture d'un champ. Si la demande est fondée, j'y fais droit ; sinon, je maintiens ma décision.

« Pour faire accepter la comptabilité que je voulais établir dans chaque métairie, j'ai dû chercher la forme la plus simple. Je m'adressais à des gens peu instruits et ne sachant guère aligner des chiffres ; j'ai donc remplacé le doit et avoir par les mots plus vulgaires de dépenses et recettes. Dans chaque ferme, j'ai déposé un registre sur lequel le métayer écrit ou fait écrire par ses enfants, ou par mon chef agricole, si toute la famille est illettrée, toutes les dépenses faites et toutes les recettes effectuées. Les dépenses comprennent : les bestiaux achetés, les engrais, les amendements, la ferrure des bœufs de travail, les frais de vétérinaire, les frais de foire, le battage des grains par la machine à vapeur, l'achat des graines fourragères. Les recettes comprennent la vente des bestiaux gras et des élèves (bêtes à cornes, moutons, mules et mulets) ; les grains, les colzas, la laine ne figurent pas dans cette comptabilité, chacun disposant de sa part comme bon lui semble. Autrement dit, la partie qui se trouve chez le métayer, comprend tout ce qui se vend par la *communauté*, pour faire face aux besoins de l'*association*.

« J'ai pensé qu'il ne fallait pas trop compliquer cette comptabilité pour la faire accepter des métayers. Je montrerai plus loin que la comptabilité qui me regarde est beaucoup plus complète. Tous les quinze jours au moins, mon surveillant fait sa tournée dans chaque ferme, s'informe de ce qui a été vendu ou acheté, voit si tout est inscrit, et comme il ne faut pas trop laisser accumuler les chiffres pour des gens qui n'ont pas étudié les sciences, l'addition se fait de temps en temps, mais sans partager, l'excédant se porte aux recettes pour constituer un nouveau compte. Ce n'est qu'à la fin de l'année qu'il y a un règlement définitif et encore je laisse dans chaque métairie un fonds de roulement assez important pour faire face à toute dépense imprévue qui se présenterait. Mon surveillant me donne, tous les mois, le mouvement d'affaires, qui s'est fait dans le mois précédent pour chaque métairie. C'est avec moi que le métayer règle, et il faut que tous les registres de cette comptabilité triple se trouvent d'accord. Mon métayer ayant toujours son registre de compte chez lui, peut le vérifier quand bon lui semble, ou le faire vérifier par un ami plus savant ou par le maître d'école. S'il y a des erreurs, elles sont aussitôt relevées; mais, ce cas ne s'est pas encore présenté, parce que l'appel des ventes ou achats par mois se fait une ou deux fois dans le mois. C'est le métayer qui a entre les mains les fonds de la communauté. Dans les pays où j'opère, les cultivateurs sont très à l'aise; presque tous possèdent des terres et des vignes, il y en a même qui ont à eux des fermes.

« Ma comptabilité est la même pour chaque métairie que celles des métayers; mais au compte de chaque métairie j'ajoute ce qu'elle m'a donné en grains, colza et laine, et, quand toutes mes denrées sont vendues, j'applique le prix moyen de l'hectolitre de mes ventes aux céréales et aux colzas, et le prix moyen que j'ai obtenu par kilogramme aux laines de chaque métairie. J'arrive ainsi au rendement complet et très-exact de chaque corps d'exploitation.

« Le résultat est communiqué, chaque année, au chef de chaque métairie pour la ferme qu'il exploite. Mes années s'arrêtent du 1er juillet au 1er juillet, parce qu'à cette époque tous mes grains sont vendus, ainsi que les bœufs gras et les élèves, et que je puis opérer en parfaite connaissance de cause.

« Comme le bétail joue un grand rôle dans ma culture, je lui fais les honneurs de deux tableaux séparés. Chaque année au 1er novembre, je fais le recensement du bétail de chaque ferme. J'ai choisi avec intention cette époque, parce que, plus tôt ou plus tard, je trouverais des élèves de trois âges pour les veaux de lait, ce qui me ferait un chiffre factice et exagéré, tandis qu'au 1er novembre il n'y a que les élèves de 1 et 2 ans. Enfin un second tableau fait au 1er juillet, en même temps que la comptabilité principale, me fait connaître le bénéfice net que m'a donné chaque métairie pendant l'année pour les bestiaux seulement. Je l'obtiens en déduisant du total des bestiaux vendus, les achats de bestiaux, les frais de foire, la ferrure, les médicaments, les frais de vétérinaire, les farineux achetés pour finir l'engraissement; en un mot, toutes les dépenses concernant le bétail.

« D'autres tableaux faits, chaque année, me donnent : le rendement moyen par hectare de chaque sorte de grains pour chaque métairie; le poids moyen, chaque année, pour chaque ferme, de l'hectolitre de froment, d'avoine, d'orge ; le rendement total en grain de chaque sorte pour chaque métairie, etc. Tous ces tableaux sont à la disposition des métayers.

« Ainsi, ma comptabilité est *partielle* pour les métairies ; *complète* seulement chez moi et chez mon régisseur.

« Si le métayer veut se rendre un compte exact de ses produits, il devra aux deux comptabilités ci-dessus en joindre une troisième, comprenant les denrées qui reviennent à lui seul. Tels sont le lait, le beurre, les œufs, la volaille, les produits du jardin (fruits et légumes), l'émondage des haies et des arbres têtards et le revenu de la porcherie.

« Pour maintenir cette dernière spéculation dans de justes limites, j'ai dû insérer dans les baux que je me réservais le droit de faire rentrer les cochons dans le cheptel à moitié quand je le voudrais ; mais, alors, je reconnaîtrais au colon le droit de prendre tous les porcs dont il aurait besoin pour sa consommation. Je n'ai pas eu besoin d'user de ce droit. En dehors de sa consommation, le métayer vend bien une portée ou deux de petits cochons et un ou deux cochons gras. Dans ces limites, il s'agit pour lui d'un petit bénéfice qui augmente son bien-être sans que l'association ait trop à en souffrir.

« Ma comptabilité dans la ferme, *partielle*, a encore une importance considérable, parce que ma culture s'appuie de plus en plus sur le bétail. En effet, mes comptes avec les métayers se règlent, une fois par an, au mois de décembre. Tous les blés sont semés et les engrais sont payés. Nous partageons ce qui reste. Mais le métayer va avoir besoin de fonds pour payer les engrais destinés aux premières cultures de printemps. Or, la caisse ne tardera pas à se reconstituer, grâce aux ventes de bœufs gras, de taureaux et de génisses ; de moutons gras et d'agneaux. Ces ventes ont lieu, en effet, de décembre à mars pour les bœufs, de mars à juin pour les élèves et dans le cours de l'été pour les bêtes à laine.

« Si ma comptabilité dans les métairies s'arrête en décembre, il n'en est pas ainsi pour ce qui me concerne personnellement. L'année va du 1er juillet au 30 juin, parce que tous les produits de l'année sont vendus à cette époque, et que, dès lors, il est possible d'avoir très-exactement le revenu de chaque exploitation.

« Comme primes d'encouragement, je distribue aux métayers des instruments d'agriculture perfectionnés ; ils ont déjà reçu des charrues Bodin, des herses Valcourt, des rouleaux et des houes, etc.

« La qualité du bétail n'a pas marché aussi vite que la quantité. Aussi, pour réparer ce retard, je vais créer chez moi, en 1865, une vacherie modèle de race parthenaise, et les produits qui en sortiront iront se placer, dans chaque métairie, pour faire souche de bon travail. »

Le succès le plus complet a couronné les efforts de M. Querqui. Avant 1859, les six métairies qu'il a soumises au concours de 1864 étaient louées à des fermiers au prix moyen de la localité. Voici les résultats obtenus :

	En 1859.	En 1863.	En 1864.
Nombre de têtes de bétail, moins les veaux....	122	162	189
Revenu annuel........	9,202 fr.	14,651 fr.	18,000 fr.

Encouragé par son succès si mérité au concours régional de 1864, M. Querqui a donné une plus grande extension à son entreprise. Seize fermes d'une étendue de 663 hectares marchent aujourd'hui sous sa direction et sont complétement organisées. En 1867, il en a ajouté trois autres qui lui prendront deux années pour être au même point que les premières.

Naturellement, M. Querqui développe, par toutes les combinaisons possibles, les moyens de bien nourrir un nombreux bétail. C'est ainsi qu'il est arrivé à porter, dans ces seize domaines, le gros bétail de 317 à 472 têtes et maintenir à 400 le nombre des brebis et béliers destinés à la reproduction, nombre qui se double au printemps par la venue des agneaux. En 1859, ces mêmes domaines, loués à prix d'argent, ne rapportaient que 19,960 fr. Avec l'association, ils ont donné :

En 1864......................... 27,526
En 1865......................... 30,888
En 1866......................... 41,436

En 1867, le revenu sera encore beaucoup plus beau ; mais, le prix très-élevé du blé y contribuera pour une très-large part, et M. Querqui regarde, avec raison, la dernière année comme tout à fait exceptionnelle.

M. Querqui attribue ses succès aux soins qu'il a donnés à toutes es spéculations sur le bétail. Voici le produit net touché par la communauté en déduisant la valeur des animaux achetés et tous les frais exigés par le cheptel vif :

Part touchée par

	1° La communauté.	2° Le propriétaire.
En 1864.....	18,315 fr. 50 c.	9,157 fr. 75 c.
En 1865.....	28,161 50	14,080 75
En 1866.....	38,105 »	19,052 50

« C'est, ajoute M. Querqui, par le métayage moderne ou l'association que je suis arrivé à ces résultats. C'est, surtout, en donnant à chaque partie de l'association une juste part des bénéfices. Aussi, mes fermiers, devenus mes métayers ou plutôt mes associés, sont tous restés avec moi, ce qu'ils n'auraient pas fait, s'ils n'y avaient pas trouvé leur compte. Or, tous sont à l'aise et possèdent soit des vignes, soit des terres, des borderies et même des fermes. »

A tous ces détails, on a certainement reconnu dans M. Querqui un homme d'intelligence, d'initiative, d'énergie et de cœur. Maintenant que la Vendée est ou va être sillonnée de chemins de fer, elle ne tardera certes pas à marcher à la tête du progrès agricole, si elle a le bonheur de compter un certain nombre d'hommes aussi vigoureusement doués.

Bétail. — Le propriétaire de métairies aura pendant longtemps à lutter contre la détestable habitude de ses colons qui font étouffer leurs bestiaux sous le prétexte de les préserver du froid. Bien entendu, il ne devra combattre que l'excès, car le froid empêche les animaux de profiter de la nourriture. Lorsque la saison rigoureuse sera venue, il ne manquera pas de veiller à ce que les animaux soient toujours dans une atmosphère suffisamment chaude en raison de leur âge, de leur espèce et de leur situation spéciale. Des logements trop chauds maintiennent les bêtes dans un état permanent de transpiration et leur occasionnent souvent de graves maladies des voies respiratoires. Pour préserver les attelages de ces maladies, il convient encore d'éviter qu'ils ne soient, en quittant leurs étables bien chaudes, exposés, sans aucune transition, à des froids un peu vifs.

Les soins de la main facilitent et augmentent l'action de la peau. Ils contribuent puissamment à la bonne santé des chevaux et des bêtes à cornes. On ne saurait trop le répéter aux métayers dont la plupart ne le soupçonnent guère.

Nous avons déjà recommandé de faire naître les veaux aux époques où ils se vendent le mieux, ainsi que le lait et le beurre. Comme c'est le cas presque partout en hiver, le métayer soigneux devra s'arranger de manière qu'une partie de ses vaches mette bas dans ce mois.

A cette époque de l'année, l'objet constant des préoccupations du propriétaire sera toujours la recherche du moyen de tirer le meilleur parti des ressources dont ses métayers disposeront. Il se proposera un double but : d'abord, nourrir son bétail le mieux possible; ensuite et par-dessus tout, éviter une pénurie toujours désastreuse, à la fin de l'hiver. Avec de l'intelligence, il y arrivera aisément et il sera largement récompensé de ses peines.

Pour résoudre cet important problème, il aura le choix entre plusieurs moyens que je ne ferai qu'indiquer ici. Les ouvrages spéciaux lui fourniront sur chacun d'eux tous les détails dont il aura besoin. Je veux parler de :

1° Le *Hachage* des fourrages et des pailles;

2° La *Cuisson* à l'eau ou à la vapeur;

3° L'*Infusion* dans l'eau bouillante;

4° La *Fermentation* d'un mélange de paille ou de fourrages hachés avec les racines.

Pour décider ses colons à adopter ces manipulations, le propriétaire fera bien de les conduire dans les fermes où elles sont mises en pratique. Par tous les moyens possibles, il cherchera ensuite à exciter leur amour-propre et leur intérêt. S'il a le bonheur d'y réussir, ils sauront bien trouver les combinaisons les plus inattendues, pour lui, dans le but de tirer le meilleur parti de toutes leurs provisions.

Tous les propriétaires, qui ont mis en pratique les principes du métayage moderne, ont reconnu que dans une semblable entreprise, les détails ont la plus haute importance. Ils me pardonneront donc de pénétrer dans les infiniment petits. Cela dit, je ne résiste pas à l'envie de rapporter, à l'appui de ce que je viens d'avancer, les faits suivants :

Un métayer de ma connaissance cultivait les céréales sur une certaine échelle et il disposait d'une quantité de menues-pailles assez considérable. Sa provision en betteraves, topinambours, etc....... atteignait environ cent mille kilogrammes et il possédait un coupe-racines. J'ai eu l'occasion de lui faire visiter une très-remarquable

exploitation dans laquelle les fermentations étaient largement pratiquées. Rien ne manquait : coupe-racines et hache-paille mus par
un manége ; cases à fermentation en ciment romain, etc... Au bout
de quelques jours, le métayer dont je parle me montrait dans un
coin de sa bergerie une installation très-simple, très-économique et
très-commode. Sans doute, elle n'était pas aussi parfaite que celle
du riche propriétaire que nous avions visité ensemble ; mais, elle
n'en fonctionnait pas moins avec un plein succès, et il en était justement fier. Il avait purement et simplement organisé trois compar-
timents avec des perches clouées au solivage par une extrémité et
enfoncée par l'autre dans le sol de la bergerie. Ces perches étaient
reliées ensemble par de mauvaises voliges, qui formaient la cloison
séparative de chaque case. En un mot, rien de plus primitif ; le tout
a très-bien fonctionné et fonctionne toujours parfaitement. Comme
le hache-paille n'a pas encore pénétré chez lui, le métayer se borne
à mélanger avec les betteraves ou les topinambours des menues-
pailles dont il jetait autrefois la majeure partie sur le fumier. Aujour-
d'hui, son bétail n'en laisse plus perdre ; il les consomme toutes
avec avidité, grâce au mélange fermenté.

Ce métayer avait un voisin qui a voulu l'imiter ; mais, les circonstances ne lui permettant pas de le copier servilement, il imagina de
transformer en case à fermentation de vieux tombereaux démontés.
Le succès n'a pas été moins complet ; et il coûtait encore moins :
un peu de peine seulement, ce qu'un bon métayer ne marchande
jamais. J'ai toujours remarqué que les colons, quand ils veulent bien
faire, exécutent ce qu'ils entreprennent aussi bien que le maître et
beaucoup plus économiquement. C'est un privilége, une qualité
qu'il faut savoir apprécier et utiliser, toutes les fois que cela est
possible.

Mais si, dans le métayage moderne, les colons doivent travailler
plus et mieux que sous l'empire des anciennes coutumes, il faut
qu'eux et leurs gens soient aussi mieux nourris. On doit donc les
encourager à engraisser plusieurs porcs chaque année. Conformément aux habitudes de toutes les campagnes, ils manqueront, moins
que jamais, d'en tuer un aux approches de Noël. Pour terminer l'engraissement de ce porc et celui de ceux destinés à la vente, il conviendra d'augmenter et d'améliorer la ration dès les premiers jours
de décembre.

Potager, verger, vigne. — La végétation est maintenant

arrêtée dans le potager : il y règne, cependant, une certaine activité, toutes les fois que de fortes gelées ne s'y opposent pas. Les défoncements, les transports de terre et de fumier, les labours d'hiver continuent à donner de l'occupation. Tous ces travaux ne seront plus à faire au printemps ; or, à cette époque, les métayers ne peuvent pas suffire à la besogne. Ils ne sauraient donc trop prendre leurs précautions à l'avance. Un métayer soigneux trouvera le moyen d'approvisionner de légumes frais la cuisine de la ferme pendant longtemps encore ; c'est un avantage que ses domestiques sauront parfaitement apprécier.

Dans le verger, on procède à l'élagage des arbres de plein vent ; on donne aux arbres qui en ont besoin un chaulage dans le but de détruire les mousses et les lichens qui les envahissent ; on continue à préparer les trous destinés à recevoir soit les dernières plantations de l'automne, soit celles que l'on a le projet d'effectuer au printemps. On prend les mêmes dispositions pour les essences forestières. Enfin, on donne un binage au pied des arbres. Ces travaux exigent impérieusement l'œil du maître. Les métayers n'y entendent absolument rien, et presque tous sont fort peu disposés à soigner des arbres dont ils ne récolteront pas les fruits. Au mois d'octobre, page 129, nous avons indiqué les mesures prises par quelques propriétaires pour les intéresser au succès de ces plantations. Nous ne saurions trop insister à cet égard ; parce qu'ils n'ont eu qu'à se louer de s'être imposé ce léger sacrifice.

La fabrication de l'huile de noix se fait dans le mois de décembre. Les métayers qui n'aiment pas à débourser leur argent tiennent beaucoup à récolter suffisamment de noix pour se procurer leur provision d'huile sans bourse délier. C'est une coutume à encourager, parce qu'elle oblige le personnel de l'exploitation à opérer le cassage et le triage pendant les longues soirées de la morte-saison. Si, par une combinaison quelconque, il est possible d'obtenir de l'huilier une certaine quantité de tourteaux, l'opération sera doublement bonne ; mais ces tourteaux sont de plus en plus recherchés.

Quand le vignoble n'a pas à craindre les gelées printanières, les colons pourront commencer à pratiquer la taille. Le provignage ne doit pas être usité dans toute vigne bien tenue ; si, malgré les conseils du docteur Guyot, il a été conservé, l'époque est venue d'exécuter ce travail.

Dans les bois, les eaux stagnantes ne font pas moins de mal que dans les terres cultivées. On doit profiter du ralentissement des travaux agricoles pour prendre toutes les mesures dans le but d'en faciliter l'écoulement. L'exploitation est en pleine activité, autant que la rigueur de la saison le permet. En Sologne, on emploie pour arracher les pins maritimes, des instruments au moyen desquels on arrache l'arbre avec ses racines. Ces instruments permettent de réaliser une certaine économie sur la main-d'œuvre, d'utiliser le bois des souches et des racines, et de procéder au reboisement ou à la mise en culture du terrain, aussitôt après la vidange de la coupe. On trouvera dans le *Journal d'agriculture pratique*, année 1859, tome I, page 128, la description de celui qu'emploie M. Ménard, l'habile fermier d'Huppemeau. Un grand nombre de propriétaires de métairies ont des bois de pins maritimes sur leurs terres. J'ai cru devoir attirer toute leur attention sur ces nouveaux procédés.

Le propriétaire doit être le banquier de son colon. — Il m'a paru bon de rappeler ce grand principe du métayage moderne à la fin du mois de décembre, le mois, par excellence, de la comptabilité agricole. Mais, pour que le propriétaire n'hésite pas à faire des avances souvent considérables, il faut que le colon lui inspire une entière confiance. Or, il ne faut pas se le dissimuler, l'ignorance n'a jamais beaucoup attiré les capitaux ; ils se sont plutôt éloignés d'elle, et l'on ne saurait les en blâmer. Plus que jamais nous devons donc recommander des lectures qui instruiront le métayer et sa famille. Le complément indispensable de toutes les lectures sera la visite des propriétés les mieux tenues et, en particulier, des métairies où des progrès sérieux auront été réalisés. Grâce au ciel, il en existe aujourd'hui dans un grand nombre de départements. Jamais les conseils du maître ne feront adopter une amélioration par le métayer aussi vite, aussi volontiers que si l'exemple lui en était donné par un paysan comme lui. J'ai souvent engagé des propriétaires à faire, en compagnie de leurs colons, des tournées semblables ; ils m'ont toujours affirmé qu'ils s'en étaient parfaitement trouvés.

J'entends d'ici beaucoup de propriétaires objecter qu'ils ne peuvent pas consacrer à leurs domaines tout le temps indispensable pour mener à bonne fin une entreprise de métayage moderne. Les uns sont absorbés par d'autres occupations ; les autres sont trop éloignés. Sans doute, c'est une difficulté de plus ; mais dans ma conviction, elle n'est pas insurmontable. Pour améliorer un domaine soumis au colonage partiaire, il faut, nous l'avons dit souvent, une volonté énergique et une persévérance à toute épreuve. L'homme doué de ces qualités ne se laissera pas épouvanter par un surcroît de besogne ou par l'éloignement. M. Rieffel cite l'exemple de plusieurs propriétaires qui, forcément éloignés de leurs domaines, n'en dirigent pas moins leurs métairies avec succès. Il parle, entr'autres, d'un fonctionnaire, qui ne peut faire chaque année que de très-rares absences, et qui n'en réussit pas moins très-bien. J'ai moi-même sous les yeux l'exemple d'un propriétaire qui occupe à Paris une position élevée, et qui y est retenu par les occupations les plus sérieuses et les plus absorbantes. Il n'en fait pas moins du métayage excellent et du métayage très-productif, ce qui ne gâte rien. Les partisans de ce mode de faire-valoir sont toujours heureux lorsqu'il veut bien publier les résultats de ses travaux. Le *Moniteur universel* lui ouvre ses colonnes, et il a bien raison. Qu'il me soit permis d'ajouter, à ce propos, que le journal officiel accorde trop rarement la même faveur à l'agriculture, cette pauvre industrie à laquelle on prodigue trop, dans le monde officiel, les grands mots et pas assez les moyens sérieux, efficaces de devenir incontestablement lucrative.

Quant au propriétaire, qui a résolument pris en main la gestion de ses domaines et qui y a conservé des cultivateurs indigènes, il peut maintenant mesurer les progrès réalisés et les résultats obtenus pendant l'année écoulée. Il trouvera dans leur récapitulation de graves motifs de persévérer dans la même voie. Ses lectures lui auront certainement facilité sa rude tâche ; il voudra donc les continuer. Pour lui et pour ses colons, je recommanderai les suivantes :

Ouvrages à lire ou à consulter.

PENDANT LE MOIS DE DÉCEMBRE.

PAR LE PROPRIÉTAIRE.

Les ouvrages de comptabilité agricole, par MM. Ed. de Granges et Saintoin-Leroy.
Notes sur la comptabilité agricole, par M. de Dombasle dans la deuxième livraison des *Annales de Roville* et dans le *Calendrier du bon cultivateur.*
Articles de MM. Bignon et Rieffel sur la comptabilité spéciale du métayage.

PAR LE MÉTAYER.

Les Travaux des champs, par M. Victor Borie.

CONCLUSION

Dans une circonstance récente, M. Félix Villeroy s'exprimait dans les termes suivants :

..... « Les cultivateurs accusent les industriels de leur enlever » leurs travailleurs; mais ce n'est pas de l'industrie qu'il faut se » plaindre, *c'est de l'agriculture qui est un ingrat métier, qui sup-* » *porte la plus lourde part des charges de la société et dont les pro-* » *fits ne sont pas assez considérables pour qu'elle puisse payer ceux* » *qu'elle emploie, comme les payent les industriels.* Pourquoi tant » de milliers d'Allemands quittent-ils le sol de la patrie pour aller » s'établir en Amérique? C'est pour éviter le service militaire et se » soustraire à tous les impôts qui pèsent sur la terre. »

.... « On ne peut pas s'étonner de cet état de choses « quand on voit toutes les charges que nous impose un état de paix « armée presque aussi funeste que la guerre. Tandis que les capi- « talistes et les rentiers en sont souvent quittes pour la taxe person- « nelle, les propriétaires de la terre sont écrasés sous le poids des « impôts. »

Dans la bouche de l'habile agronome du Rittershoff, l'un des maî-tres les plus justement autorisés de notre époque, ces réflexions pren-nent une signification exceptionnelle. Non! l'agriculture, même quand elle est faite avec toute l'intelligence et tous les capitaux néces-saires, n'est pas une industrie lucrative dans une notable partie de la France. On ne saurait proclamer trop haut ce fait dont la gravité n'échappera à personne.

D'abord, au point de vue spécial qui nous occupe, nous devons constater que le jour où l'industrie du cultivateur donnera des résul-tats assez satisfaisants pour que tous la recherchent au lieu de s'en

éloigner, ce jour-là, la tâche du propriétaire-initiateur sera singulièrement simplifiée, puisque le but principal de ses efforts doit consis-
ter à faire pénétrer l'aisance dans la famille de ses colons. Envisa-
geant ensuite le côté plus large et plus général de la question, nous
reconnaîtrons que ce même fait a pour conséquences la dépopulation
des campagnes ; le morcellement des terres ; l'absentéisme et la
plupart des questions qui, de nos jours, préoccupent, à si juste titre,
les économistes et les hommes d'État. Ce n'est pas le lieu d'insister
davantage sur ce sujet. Toutefois, je ne résiste pas au désir de
m'étendre sur un point spécial, parce que j'y trouve un argument
des plus puissants en faveur du colonage partiaire.

Il n'est personne qui, témoin de l'avidité avec laquelle les paysans
se disputent les domaines vendus en détail, ne se soit préoccupé de
l'avenir de la propriété en France. Beaucoup croient que les choses
vont tellement vite que bientôt la grande propriété et la grande culture auront existé. Tous se préoccupent très-vivement du morcellement du sol, de son émiettement. Ces modifications profondes ont
des causes faciles à reconnaître.

Les paysans vivent avec une économie inouïe ; ils sont d'une
sobriété incroyable ; ils consentent à s'imposer les privations les plus
rudes. Grâce à ces habitudes, ils sont dans l'état actuel des choses
les seuls qui puissent, en cultivant la terre, mais en la cultivant eux-
mêmes, réaliser des économies. Par suite de l'augmentation du prix des
denrées de toutes sortes, ces économies ont été considérables dans ces
dernières années. De là, la recrudescence constatée dans la division des
propriétés. Or, un des grands avantages du métayage, circonstance
dont on ne lui tient pas un compte suffisant, c'est précisément de permettre d'utiliser ces très-précieuses qualités. A ce point de vue, ce
mode de faire valoir serait donc le meilleur des contre-poids à cette
invasion de la petite propriété.

Nous avons constaté le mal, les remèdes seront faciles à indiquer.
Nous ne nous dissimulons pas, bien entendu, la difficulté de les
appliquer ; car, il s'agit d'opérer une véritable révolution dans nos
mœurs et dans notre organisation.

Révolution ! ! ! voilà un mot qui doit inspirer les plus sérieuses
alarmes aux agriculteurs lorsqu'il se rapporte à la politique. S'agit-il,
au contraire, du monde économique et de réformes considérables à
apporter dans celles de nos lois qui s'occupent de la production, de
la répartition et de la consommation des richesses tirées de notre
sol, tous les vrais amis de l'agriculture française applaudiront. Pour

que l'industrie de l'homme des champs devienne réellement lucrative, soit recherchée de tous, il faudra que de grandes et très-nombreuses réformes soient accomplies. Lors de l'enquête, l'agriculture a déposé ses cahiers ; tôt ou tard, les résultats se produiront. Le règne sous lequel cette révolution bienfaisante s'opérera sera un grand règne et un règne béni de tous.

Le moment est venu de nous résumer.

Cessons de n'avoir de faveurs, dans nos rapports de société, que pour les hommes à habits brodés ; apprenons à considérer tout autant l'homme d'intelligence et de cœur qui répand autour de lui la richesse et les bienfaits en se livrant aux travaux de l'industrie soit manufacturière, soit agricole. Sachons faire nos affaires nous-mêmes et n'ayons pas constamment recours à l'autorité, au Gouvernement, à l'État. Organisons les choses de telle sorte que la campagne soit aussi agréable et facile à habiter que les villes ; efforçons-nous d'y attirer les femmes, trop souvent la cause de notre absentéisme. Tels sont les changements que les amis de l'agriculture doivent désirer voir s'accomplir dans nos mœurs.

Quant aux mesures à prendre, au lieu de détourner les forces vives de la nation au profit de l'armée ou des grandes villes et aux dépens des campagnes, faisons des chemins, construisons des routes, des chemins de fer et des canaux ; étudions les moyens de supprimer les charges indirectes qui écrasent tous les produits du sol ; réformons toute notre législation relative aux impôts. Installée à une époque où la terre était la seule matière imposable, elle a été seule frappée par le fisc ; aujourd'hui il se négocie à la seule Bourse de Paris des valeurs qui atteignent des chiffres dépassant la richesse de tout' le territoire français. Ces valeurs ne payent rien ou presque rien au Trésor. Le flot démocratique monte chaque jour comme les grandes marées des équinoxes. Si l'on veut qu'il n'engloutisse pas la fortune publique, il faut chercher des forces de résistance au sein des populations rurales. Leur appui n'a jamais fait défaut, et pour l'avenir, on peut compter sur elles, car les agriculteurs ont toujours eu horreur des bouleversements. Mais, aujourd'hui, ils aspirent au moment où de très-profondes modifications auront, enfin, été apportées dans notre organisation sociale et dans nos mœurs. En un mot, ils sont, chaque jour, plus nombreux ceux qui adoptent la devise suivante :

Pas de révolutions ; beaucoup de réformes.

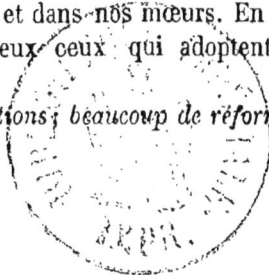

TABLE

DES MATIÈRES.

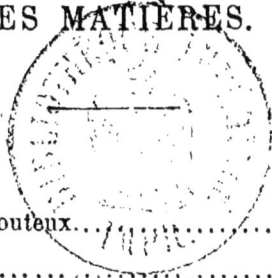

FIN DE LA TABLE.